就爱
阳台种菜

[韩]文芝惠　[韩]张伦娥/著
孔伟　李飞飞/译

中原农民出版社
·郑州·

序言

看着大自然一年四季的变化，会有不感到惊异的人吗？冬季的落叶掩盖了生命的痕迹，春季的新绿让人感到无限的生机，夏季的繁茂演绎着生命的延续，秋季的累累硕果带给人们丰收的喜悦，如此年复一年。植物就是这样养育着我们，也馈赠给了一切生命呼吸的氧气。

种下一颗看似不会有什么变化的小小种子，给予它水分，再稍作等待，就会惊奇地发现它冒出了稚嫩的新芽。若再对它倾注一点热情，嫩叶就可能长成生菜，或是结出果实。比起超市里买来的农产品，自己栽种的蔬菜等也许在模样上会略有逊色，却倾注了栽培人更多的热爱。

近来，韩国兴起了一场种田的城市农业之风。农业技术的发展使得一年四季内总有各种各样的充足的农产品。但在狭小的空间内亲自播种、插秧、浇水、收获的人群也在不断壮大，这与现代人的生活哲学不无关系。在对作物进行照看以及收获的过程中，我们可以见证生命的奇妙，得到心灵上的治愈，找到同家人、邻居聊天的话题，还能体会到食物的来之不易。讨厌蔬菜的孩子们可以用自己种植的芽菜拌饭，会吃得津津有味，并学会珍惜食物，获得一种良好的颇具实感的教育。

阳台是能够让我们在没有庭院的居住环境中体会到种植意义与收获喜悦的地方。与外面相比，虽然阳台上光照不足，但环境稳定，而且省去了用车来回搬运的烦琐，这是它的长处。本书收录了可在阳台种植的蔬菜、野菜、香草等的种类、特征以及让植物旺盛生长的方法、收获的方法、使用的方法等。同时提供了各种作物所需的光照量，以便让读者能够根据自家阳台的采光量选择适合栽培的蔬菜。绿色装饰、天然芳香剂、天然加湿器、天然冰箱、子女教育、饮食习惯的改善等，这些都是我们可以从阳台菜园中获得的益处。希望本书能为您打理阳台菜园提供一些帮助。

文芝惠　张伦娥

目录

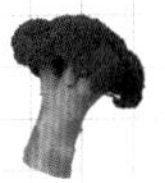

目录

Part 3

包饭蔬菜

Part 4

叶茎蔬菜

Part 5

野菜

Part 6

根菜和果菜

Part 7

香 草

阅读指南·芽菜部分

蔬菜的故事

好生长、易栽培的白菜芽菜

味道简单的白菜芽中含有具有抗酸化、抗癌作用的异硫氰酸盐，以及有助于皮肤活性的氨基酸——胱氨酸。种子的直径约为2mm，泡水后约膨大1.5倍。播种1天即可发芽，6~7天后即可收获。

	0天	1天	2天	3天	4天	5天	6天	7天
栽培日志	播种	发芽	→	接受光照	→			收获
	芽菜大小							
			0.2~0.3cm	1.5~2cm	→			5~6cm

	栽培难度	所需光量	出芽温度	适合生长的温度	收获所需时间
栽培信息	★☆☆	★☆☆	15~34℃	18~20℃	7天

栽培日志及栽培信息

栽培过程

+准备用品 白菜芽菜种子、栽培容器、喷雾器、洗碗巾、汤匙、箔纸或布

1 将栽培容器洗净备用，将洗碗巾裁成合适的大小。
2 把洗碗巾铺到栽培容器里，按一定的间隔密密地放入种子。
3 将喷雾器装入干净的水后进行喷水。为了避免光线进入，用箔纸或布做成的盖子盖住容器，移至阴凉处或暗处。
4 经过2~3天，嫩芽长到一定程度后将其移至亮处，接受光照。植株进行光合作用后叶片会变成绿色。
6 经过6~7天，菜芽长到5~6cm，子叶展开后即可收获。

播种4天

播种第7天——收获

Tip

种植芽菜时，铺在容器底部的纱布或洗碗巾要求排水性要好。有的洗碗巾排水性不好，使用这种洗碗巾容易产生积水，导致种子腐烂。使用纱布时，由于接触面比较粗糙，种子不易滑动，因此控水时方便将容器倾斜。

Q 芽菜种子如何消毒？

A 与一般的栽培用蔬菜的种子不同，芽菜专用种子没有经过杀菌处理。在种植芽菜的过程中，为了减少病虫害的发生，最好从播种阶段开始消除病原菌。家中可以使用次氯酸钠或热水对种子进行杀菌。使用次氯酸钠消毒时，将10ml的次氯酸钠稀释于90ml的水中，将芽菜种子浸泡1~2小时。使用热水消毒时，将种子浸泡在60℃左右的热水中约15分钟即可。水温过高种子会被烫熟，因此要注意水温。

36

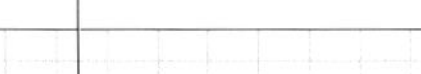

栽培过程　小提示　须知信息　栽培过程图片

蔬菜的故事

包饭蔬菜的代表生菜

在可以自己动手种植的蔬菜中，最受人们喜爱的就是生菜。生菜中含有人体必需的铁元素与氨基酸，可以预防贫血。它含有的莴苣苦素成分可以缓解疼痛与压力，对恢复疲劳与缓解宿醉也有一定效果。碱性的生菜与肉类这样的酸性食品是很好的搭配。种植时可以在小的容器里少种上几棵，也可以在较大的栽培容器中大量种植。

- **种类** 裙生菜（赤色、青色）、皱叶生菜（青色、赤色）、长叶生菜（青色、赤色）、橡树叶生菜、球生菜青裙生菜等。青橡树叶生菜适合在家庭中生长
- **特征** 高温下容易疯长，不易栽培
  在光线少的地方，赤色生菜呈翠绿色
  生长速度较快，因此最好不要与其他蔬菜混合种植

分类（科名） 菊科
营养成分 维生素A、维生素B、维生素C、叶酸、锌、磷、铁
食用方法 包饭、沙拉、拌饭

蔬菜信息

橡树叶生菜（青色）

橡树叶生菜（赤色）

长叶生菜（赤色）

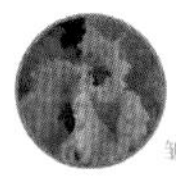
皱叶生菜（青色）

栽培信息	栽培难度	所需光照量	适合生长的温度
	★★☆	★★☆	15~23℃
	适合的容器大小	常见病虫害	收获所需时间
	深度在7cm以上	桑蓟马、美国三叶草斑潜蝇、白粉病	种子：6~8周、秧苗：2~4周

栽培时间	1月	2月	3月	4月	5月	6月	7月	8月	9月	10月	11月	12月
播种												
插秧												
收获												

栽培日志	1周	2周	3周	4周	5周	6周
	播种 发芽	主叶展开	间苗	收获 施肥		
	插秧	收获		收获 施肥		收获

栽培过程

准备用品 生菜种子、秧苗、栽培容器、床土、洒水壶、苗铲

1A 播种

1 挖出几排间隔约为10cm，深度为5mm的用于播种的洞。

2 洞里放入2~3颗种子。生菜要有阳光才能发芽，因此轻轻盖上土即可。

3 要轻轻地洒水，防止土壤被溅起或种子被冲出来。

4 长出主叶后要间苗，保证一个地方只留一棵苗。拔的时候动作要轻，防止伤到其他的苗。

52

栽培详细过程及图片

栽培信息、栽培时间、栽培日志

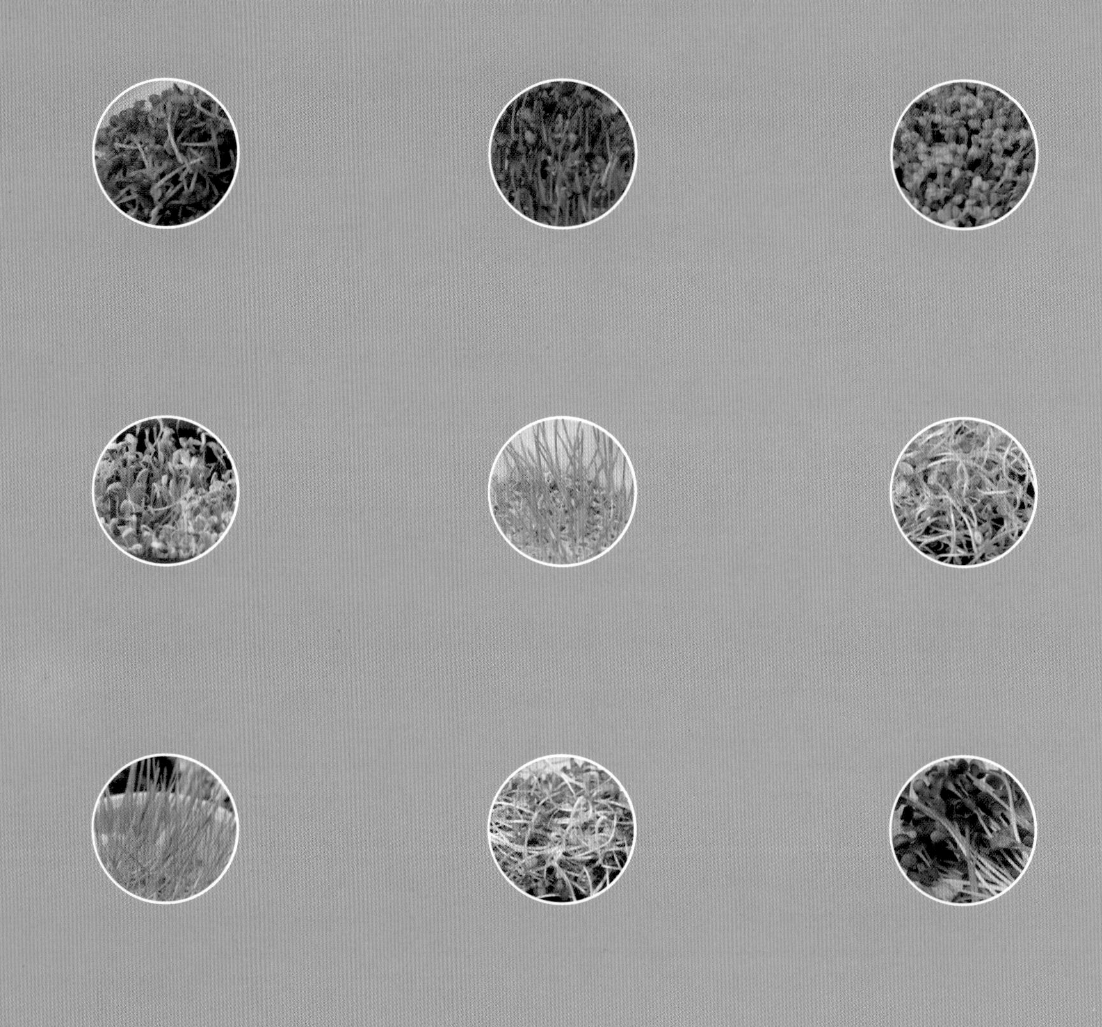

Part 1

跟蔬菜谈谈心

蔬菜所需的阳台环境

阳台种菜的准备工作

阳台种菜的基本流程

在阳台营造舒适的“家”

跟蔬菜谈谈心

阳台菜园的优势有很多。由于是在家中种植，因此在浇水、施肥等工作上花费的时间较少；不受干旱等天气的影响，不必为杂草担心；能享受净化室内空气和装饰效果；通过观察栽培过程孩子们可以获得教育；必要的时候随手就能摘取自己种的新鲜蔬菜，可以说是将天然蔬菜放在了身旁。看着嫩芽在阳台菜园里成长，嗅着香草散发出的幽香，吃着刚刚采摘下来的新鲜蔬菜，其乐无穷。

1 蔬菜所需的阳台环境

阳台菜园需要具备怎样的环境呢？要种植蔬菜首先必须了解蔬菜喜欢的环境。采摘后食用的蔬菜和香草在生长速度与所喜好的环境方面与观叶植物是不同的，栽培时需要寻找合适的环境。打理阳台菜园时有几点是必须要知道的。

01 光照

所有植物都需要阳光，而且不同种类的植物对光照的需求量千差万别。家里种植的观叶植物原产地主要是热带或亚热带地区。以光照量为基准来看，亚热带地区就像草原一样，没有遮挡光照的障碍物，宽阔明亮。除了像仙人掌或者多肉植物等原产于干燥地区的植物之外，也有不喜欢直射光线，而偏好镂空窗帘照射进来的光线等间接光线的植物，这些植物即使只有人工照明也可以很好地繁育。

相反，蔬菜需要的阳光要远远多于它们。蔬菜的生长速度比观叶植物要快，而且只有快速生长才能生产出更多的食材。因此，大部分的蔬菜和香草都喜爱光照，并且经受得住直射光线的照射。虽然阳台是家中光照最多的地方，但光照依然有限。因为只有一面能采光，而且光在通过玻璃窗时，光量会减少，光照时间也会减少，进而导致光质出现变化。如果阳台没有玻璃窗，或者是通过顶棚采光，情况会好很多，但这样的阳台却很少。

· 光照量 光照量之所以重要是因为光在达到饱和点之前，光照量越多，植物能进行的光合作用就越多。光合作用的量越多，植物就会生长得愈发茁壮。特别是根菜和果菜，其根部或果实需要大量的养分，因此，光合作用的量尤为重要。如果光照量不足，那么子叶的下胚轴就会长得细长，叶子变窄且只有长度增加，植株非常脆弱，而且形态不美观。

若阳台有玻璃窗且只有一面能采光，光照量显然是不足的。即便阳台是朝南的，但与玻璃温室相比，光照量也仅为50%左右。东西朝向的阳台光照量为35%左右。如果楼层较低或有建筑物遮挡，那么也会出现仅为10%的情况。为了节约能源，近来建造房屋时多使用隔热效果很好的玻璃，这对植物的生长不利，因为玻璃厚度会使窗内外的光照量差异高达90%。离窗口远的地方光照量会大幅减少，因此要将蔬菜种在阳台光照最多的地方。

· 日照时间　和光照量一样，光照的时间也很重要。植物会根据光照的时间开花、出叶。日照时间也和日照量一样，受阳台方向的影响很大。

朝南的阳台从上午到下午都有阳光进入，是种植蔬菜和香草的最佳方向。如果玻璃窗较薄，而且前面没有遮挡光线的建筑物或树木，那么也可以种植对光照需求量较大的小番茄。

朝东南、朝东的阳台在上午会有些许强光照射进来，因此上午将植物放置在窗边较好。

朝西南、朝西的阳台在下午会有略微幽深的光线照射进来。虽然上午的光线对植物的生长有好处，但在朝西南或朝西的阳台上，下午幽深的光线分布更加均匀，因此栽培容器的放置范围也更广。

朝北的阳台最不利于光线的进入。光照时间短，而且量少。如果光照量少且时间短，会导致叶子变窄，变得脆弱，疯长成很不美观的样子。但这样的地方适合种植生姜、苦苣等在阴处也能长得很好的耐阴性强的作物，也适合种植主叶长出之前食用的芽菜。

〈不同光照量下植物的繁育状态〉

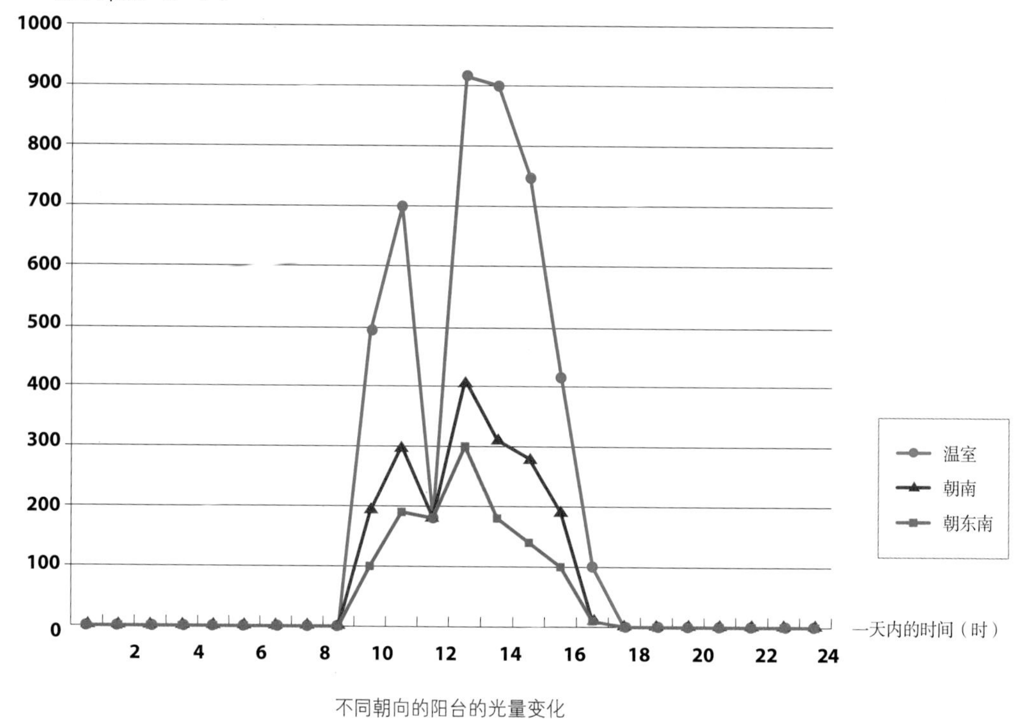

不同朝向的阳台的光量变化

・光质 光的波长组合叫作“光质”。对植物生长来说，阳光具有的光质是最好的。光线通过玻璃窗时，光质会发生变化，紫外线被拦截。紫外线能够防止植物疯长，让植物长得茁壮。光照通过玻璃窗，紫外线被过滤，容易使植物疯长。特别是新建的公寓为了节约能源，多采用较厚的玻璃窗。在这种情况下，可使用人工光线，这样会让植物长得更快、更茁壮。

02 温度

一般来说，适合植物生长的温度在18~25℃。相对于栽培蔬菜的温室来说，阳台很少出现温度极高或极低的情况，对植物来说是不错的条件。但在盛夏时节，需要关窗。当阳台温度超过35℃时，植物会有很大的压力，无法很好生长。除去阳台，室内的居住空间一直维持在适合人们生活的温度，这种温度全年稳定，可以算是适合栽培“软白蔬菜”和芽菜的温度。

・季节 受季节变化的影响，阳光的强度与照射的深度以及光照时间都不相同。与此同时，温度也会有所变化。春秋季节光照较深，温度适合种植蔬菜与香草，此时是让阳台丰富起来的黄金时期。夏季光照虽强，但照射进来的程度并不深。梅雨季节的光照比冬季还要少，温度与湿度高，这种环境对种植蔬菜很不利。同时，这一时期害虫较多，要留心管理。浇水的次数和浇水量都要注意。天气热、光照强的时候要经常浇水，防止植物干枯；梅雨季节要减少浇水量，防止根部腐烂。夏天适合种植像小葱一样几乎没有害虫且即使光照较少也可以旺盛生长的蔬菜。这段时期不易获得秧苗，因此还适合密密地播种苦苣、菊苣、牛皮菜等耐热性强的蔬菜种子。冬季光照虽弱，但阳光照射得较深，不用担心病虫害。冬季适合种植韭菜这类可越冬的低温作物。当阳台温度降到零下时会发生冻害，因此不适合把植物放置在窗口，而适合放置在客厅内侧。

03 湿度

只要不是梅雨季节，阳台的湿度对小菜园来说就不是问题。除梅雨季节外，一般天气比较容易干燥。植物较多时，湿度会增加，从而产生天然加湿器的效果。湿度过高或过低都会导致病虫害，因此潮湿的时候要开窗换气，干燥的时候要在周围洒水进行适当调节。梅雨季节，湿度长时间较高，蒸发与蒸腾不能很好协调，因此与其他季节相比应当减少浇水的次数。

2 阳台种菜的准备工作

01 栽培蔬菜的准备工作

在阳台上种菜需要准备栽培容器、培养土、种子或秧苗、喷雾器、肥料等。下面让我们详细地了解一下栽培植物需要准备的物品。

· 栽培容器 可以准备一个大得可以满足收获量的容器和数个小的容器。形状要适合根系发展，要选择上下宽度相近形状的容器。与观叶植物种在容器中心不同，蔬菜可能要隔一定的空间种多棵，因此，如果容器下部的宽度不足，那么种植在边缘的植物的根系会发育不佳，繁育不均匀。

可以在出售园艺用品的地方购买容器，也可以利用周围常见的用品（容器）。例如面比较宽且深度适当的泡沫箱、塑料箱、花箱等。选择栽培容器时要根据植物种类考虑栽培容器的深度和宽度。栽培容器的大小一般用号数标记，1号栽培容器的直径约为3cm，而5号的直径为15cm（3cm × 5cm）。一般来说，茼蒿、生菜等需要10 ~ 15cm深的土壤，嫩的芽菜在3 ~ 4周内就可采摘食用。因此，栽培容器的深度一般在2 ~ 5cm就足够了。将泡沫箱或塑料箱等可回收容器的底部打上排水孔以后就可以使用了。但像生姜等根菜则要求栽培容器深度在20cm以上。

容器底部需要有孔，如果没有，就需要打上一两处排水孔。泥土通过这些孔会流到外面，弄脏地面，并且土量会减少，因此要安装排水网（栽培容器网）。如果想获得良好的排水效果，以及保持地板干燥，那么可以在栽培容器下铺上木块或砖块。

·培养土　要种好蔬菜，土壤很重要。根部在土壤中呼吸，吸收土壤里的水分及养分生长。因此，通气性、排水性都好，养分含量适度的培养土较好。使用院子里或田里的土壤也可以，但将其弄到阳台上很困难，也很容易出现将虫子也一起挪过来或者土壤排水不良的情况。要使用院子里的土壤时，最好掺入30%左右的腐叶土或泥炭苔等有机质。

“床土”一般是指名为园艺用、育苗用的培养土。在阳台上种菜时，使用超市或农园里出售的园艺用床土较好。床土以不易腐烂的有机物为主原料，非常轻，排水性和保水性好，适合蔬菜和香草生长，也适合在阳台上使用。而且床土经过消毒，不易出现杂草种子或病虫害。根据植物种类的不同，所选用的床土构成成分以及所含的养分也各不相同。蔬菜用与观叶用的植物的生长程度不同，因此所需的床土也不同。阳台种草适合使用蔬菜用（园艺通用）床土。

图片4中的床土是一些白色的颗粒，这是将珍珠岩用850～1200℃的温度加热制成的人工土壤。珍珠岩是白色的，在高温中会被消毒，因此没有杂草种子或害虫，多用于植物栽培。珍珠岩质量轻、颗粒大，因此排水性及通气性良好。可替代磨砂土铺在地面上或掺入床土中使用。磨砂土主要为较大的沙子或小碎石，常用来铺在栽培容器底部，在移盆或种植植物时使用。腐叶土是指将落叶堆肥与土壤混合后制成

食用蔬菜用（左侧）和观叶用（右侧）的生菜繁育状态比较

各种床土
1 园艺用床土　2 磨砂土　3 腐叶土　4 珍珠岩

的土壤。虽然只使用床土，植物也可以生长得很好，但加入少量的腐叶土，会提高植物的生长速度，而且能够增大果实。

〈种子的寿命与保管方法〉

种子具有的发芽能力的时间不同，寿命也不同。不同植物有很大的差异，按照室温保存寿命为基准，可分为以下几类：

·短命种子（寿命1～2年）

生菜、胡萝卜、洋葱、辣椒等

·常命种子（寿命2～3年）

番茄、豌豆、豆子、大麦等

·长命种子（寿命4～6年）

黄瓜、茄子、西瓜、白菜等

种子的保管方法不同，则寿命会有很大变化。在低温干燥的环境下，种子可以保管更长时间。在高温潮湿的条件下，种子寿命会缩短。因此，一过梅雨季节，种子寿命就会缩短，最好将种子密封并冷藏保管。

·种子·秧苗·种球 接下来准备要种的植物。种子或秧苗都适合在阳台上种植。种子栽培可以让人感受到从头开始亲自培育的充实感，以及见证植物从出芽到收获的喜悦。种子出芽后要进行间苗，使其间隔一定的距离。通过这项简单的工作也可以体会到一些趣味，特别是芽菜，在其长大之前可以使用嫩嫩的主叶制作料理。如果光照较弱，则生长的时间也会变长，这时使用秧苗可以减少收获之前的等待时间。秧苗的购买时间限制在春季，因此要选择合适的时期使用秧苗。在家中比较难种植的果蔬需要购买秧苗种植才能降低失败率。另外，像香草这类不易出芽的植物，通过购买秧苗种植会更合适，种植起来也方便。

如果想常年打理阳台菜园，最好将秧苗和种子适当混合使用。购买种子的时候最好参考一下包装袋上的品种名称、栽培特性、栽培日程表、种子数量、发芽率、生产年份、发芽保证期限等信息。要选择根部为乳白色、活力强、叶片为绿色、没有老化、没有伤痕以及没有病虫害的秧苗。如果根部老化了，其颜色会变成褐色，而且根部会变干，这样的秧苗在生根时要花费更长时间。秧苗可以在4~6月从园艺中心或传统市场的种子铺购买。像萝卜或胡萝卜这样必须撒种的蔬菜，若使用秧苗种植，其根很难长粗，而且须根会分裂，导致质量下降。相反，也有必须使用秧苗进行种植的蔬菜。比如番茄和辣椒，育苗时间长，而且只有在温

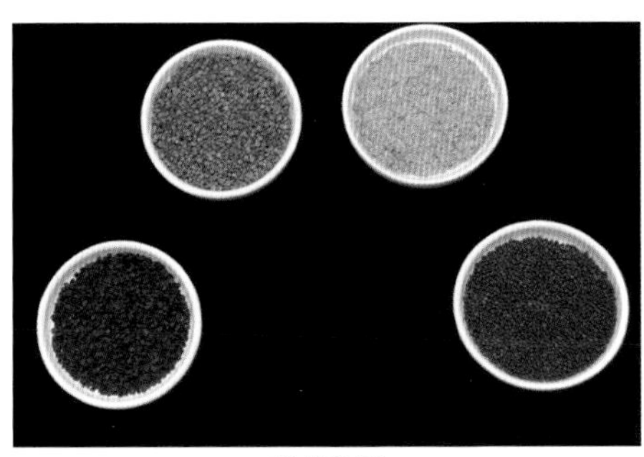

蔬菜种子

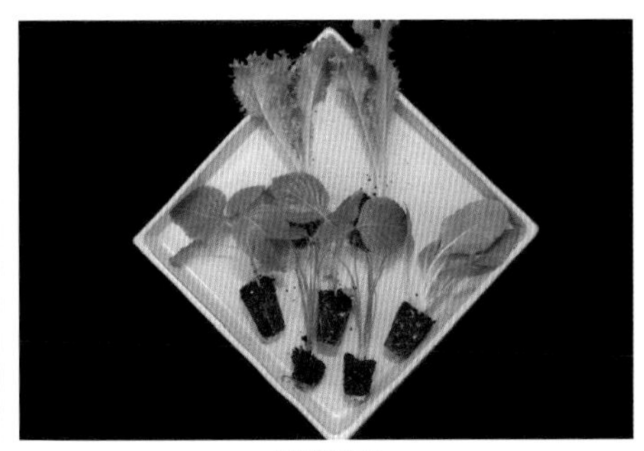

蔬菜秧苗

暖的环境中才能较好生长，因此最好购买在温室里育苗的秧苗。

像小葱、野蒜、生姜等必须使用种球（用根繁殖的蔬菜的种子）的蔬菜有休眠时间，但只要按照它们的特性选择合适的栽培时期就可以轻松种植。

·肥料　在蔬菜的栽培中，管理是必不可少的。一般的蔬菜用床土中所含的养分可供植物生长1个月左右，栽培时间变长时就需要施肥。和我们需要吃饭一样，植物除了阳光、水分与空气外，要吸收适合自己的养分。动物摄取的是蛋白质、碳水化合物、脂肪等有机物，植物无法消化这些物质，它需要通过吸收溶解在水中的氮、磷、钾、钙、镁等无机物来合成蛋白质及脂肪等。虽然有时人们会对化学肥料有一种莫名的反感，但不管是有机肥料还是化学肥料，植物的吸收形式都是相同的。

化学肥料对重金属和有害物质成分进行了严格处理，反而用起来更加安全。比不明出处或成分的有机肥料用起来更加放心。有机肥料是通过加工动植物性原料制成的，无机物含量低，而且要在土壤中被微生物分解后才能产生无机物供植物吸收，因此见效慢。在家里使用容易产生气体或味道、发霉的有机肥时，要特别注意。化学肥料是由植物所需要的营养成分构成的，见效快，营养成分充足。

在室内施肥时有几点需要注意。未完全腐熟的有机肥料味道重，而且可能滋生虫子，因此，使用时最好根据使用指南来搭配使用。一般在春季或秋季施肥较好，

颗粒型固体肥料（化学肥料、有机肥料）

有适用于家庭栽培容器的平板形态的肥料，也有用化学肥料或有机质制成的肥料。

缓效型肥料

缓效型肥料是指肥料在有效期内按一定时间一点点地释放的肥料。可以根据肥效的释放时间来选择，从3~4个月到16~18个月，缓效性肥料有很多种。虽然价格稍贵，但肥料成分释放较为缓慢，施肥一次就能管很久，而且不用担心盐类障碍，非常方便。

施肥时不要让肥料直接接触根部。肥料直接接触根部或浓度较大时，会造成植株枯萎，或出现叶片烧焦的现象。在特殊情况下，如根系受到极大伤害，或想让特殊成分被快速吸收时，可以将肥料溶于水后喷洒在叶片上。

02 其他准备工作

洒水器・喷雾器
给种子浇水或将液肥稀释后喷洒使用。

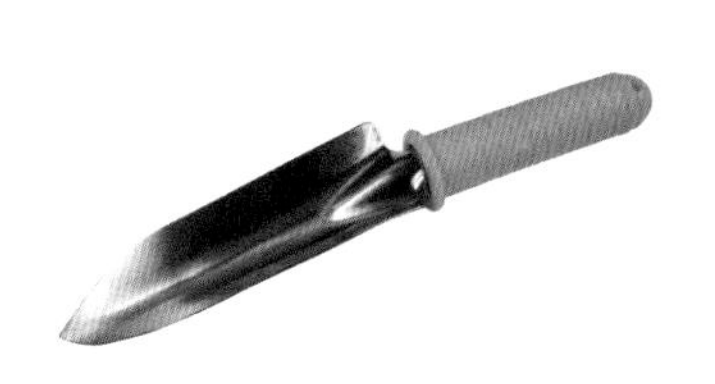

苗铲
填土、插秧、栽培后移除床土及植物的根时使用。

支柱绳
像番茄这样长得较大的植物需要使用支柱及支柱绳。小的植物使用木质筷子或植物专用支柱。支柱绳用于将植株固定在支柱上。

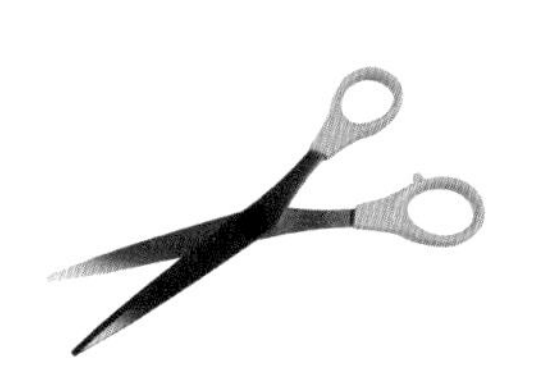

剪刀
收获蔬菜、修剪叶片、剪枝以及剪绳时使用。

绿篱剪
收获叶片、果实时，或剪茎时使用。

刷子
人工授粉时使用的工具。如番茄，需要将花粉抹到雌蕊柱头上才能结果。

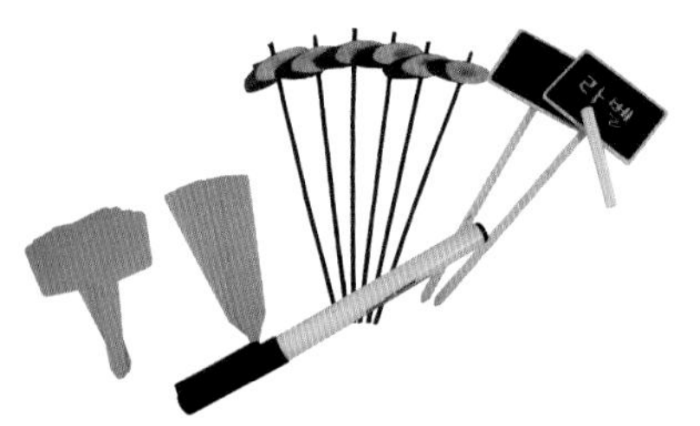

标签（铁片、木头、塑料）、笔

撒种以后最好将作物的名称以及撒种日期写下来。标签同时也有装饰栽培容器的作用。

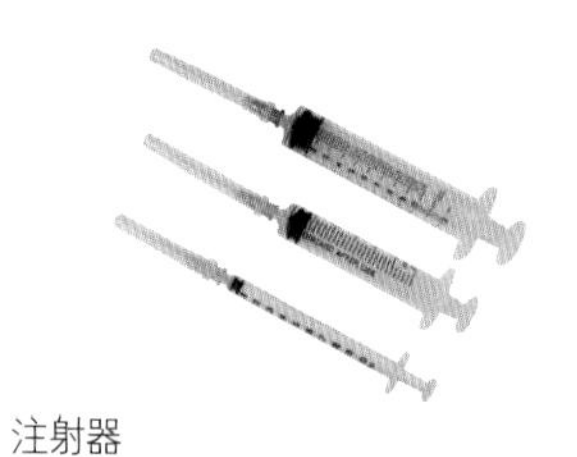

注射器

使用营养液或药物时，注射器可以测量这些小容量液体的量。

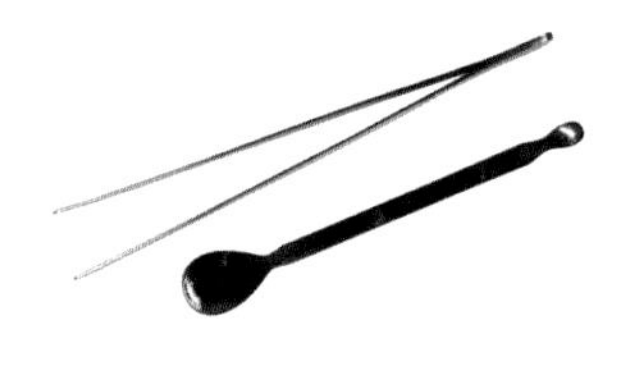

镊子和试剂勺

在将植物进行精细间苗时要使用镊子。在将嫩芽挪到其他地方时需使用试剂勺。

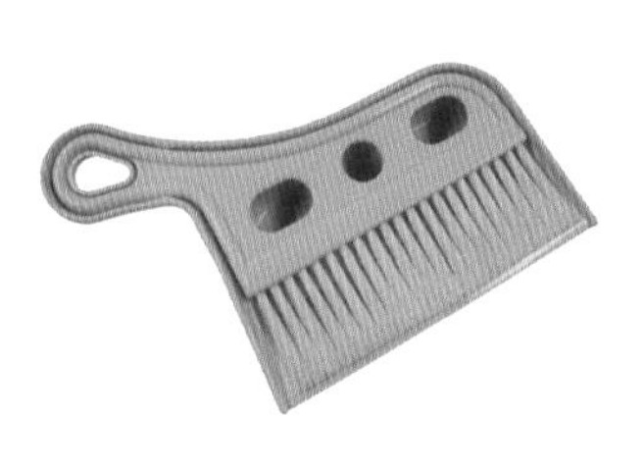

扫帚·簸箕

整理掉落在周围的床土或植物残留物时使用。

手套

配制床土、将植物的根进行整理、撒药时使用。

盘子

盛秧苗、间苗、收获的时候使用，用途较多。

压缩颗粒

压缩颗粒是指将床土压缩后，包在薄薄的无纺布中制作成的产品。泡水后高度会增加4倍以上，将种子种在里面，待长大后挪到栽培容器中即可。无纺布由可分解的物质制作而成。

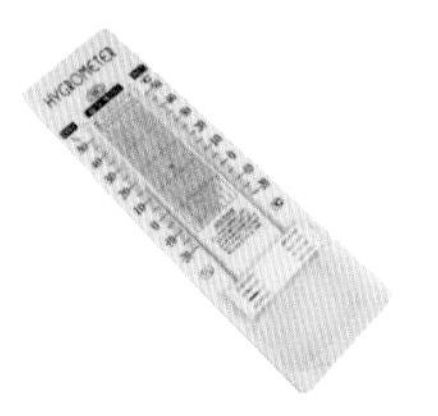

温度计

用来观察温度的变化，有助于植物的栽培。

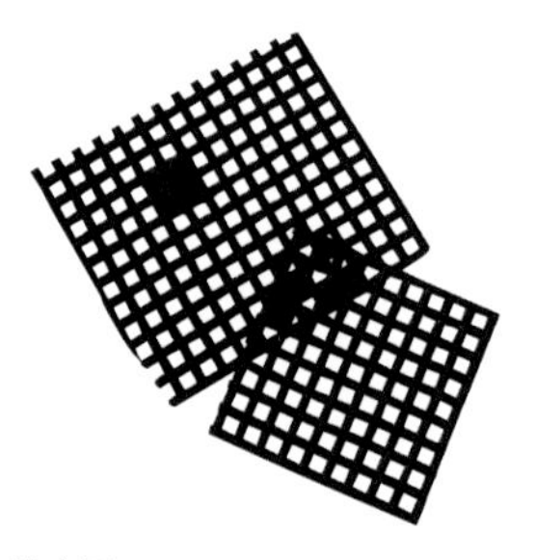

排水网

种植植物时铺在栽培容器底部的孔上，防止土壤流出。

3 阳台种菜的基本流程

01 准备

准备适合要种植的植物的容器和培养土。蔬菜和香草使用蔬菜用床土（园艺通用床土）最好。栽培作物时即使不添加堆肥或其他土壤，只使用床土也是可以的。由于床土排水性好，因此没有必要在容器底部铺磨砂土或沙土。如果堆肥或土壤没有混合好，比例不恰当，反而会出现排水性变差等问题。

向栽培容器内填土前要先洒水，混合好后再填土。这样浇水的时候，水就不会立刻流出，能被土壤更好吸收。填土的时候不要一直填到容器口，填至3/4~4/5即可。这样可以防止土壤溢出，保证浇水时水流速度不会太快。

02 播种

蔬菜的种类不同，则播种方法略有不同。叶菜适合在调整好间隔后挖孔点播，韭菜则适合采用划行后进行条播。盖土时土壤厚度为种子大小的2~3倍，不要太厚。在家中种植时，小的种子种得浅一点，大的种子种得稍微深一些，有利于很好地出芽。

· **播种的方法**

点播　用木筷或用完的圆珠笔等按一定的间隔挖出1~2cm深的洞，在其中放入2~3粒种子。适合在播种豆子等较大的种子时使用。

条播　用锄头、木棍等在田垄或苗床上划出深度为1~2cm的沟，在其中将种子按行播种。播种后用手轻轻地盖上土。

撒播 指的是在播种箱内撒种的方法。为防止种子都聚在一处，撒播时最好撒均匀。首先播撒全部种子的2/3，再将剩下的种子撒在种子较少的地方。播种后用手轻轻地盖上土。

播种时需要的容器 播种育苗的容器有塑料育苗袋、育苗箱、育苗器、插盘等。在这些容器中填入床土后，按照正确的方法种植要栽培的蔬菜，出芽成苗后再将其移栽到栽培容器中即可。

03 间苗

播种出芽后，首先要间苗，使一个地方只留一棵苗。如果间苗晚了根部会互相缠绕，拔的时候会伤到根部，因此要尽量早间苗。嫩芽拔出后要移栽到出芽不好的地方或其他栽培容器中。密集的地方可以用小筷子将床土和根一起撬起来移动。如果叶子能互相碰到，则需要进行2次间苗以扩大空间。挨得太紧会使秧苗之间互相遮挡阳光，导致整体长势变差。

04 插秧

插秧时要小心，不要伤到根部。从栽培容器中分离秧苗时要抓住茎的下部往外拔才好拔。如果秧苗不易拔出，则可一手抓住栽培容器，用另一只手抓住茎或叶子的下部小心地往外拽出。这样做是为了在不分离根和土壤的情况下，将根的损伤降低到最小。当秧苗比较小时，填土要填到栽培容器的3/4~4/5。根据不同的植物，按一定距离挖孔后放入秧苗，然后盖土。秧苗较大时则先填土至容器底部的1/4~1/2，然后按合适的间隔放入秧苗后，在空着的地方再填入土壤。插秧的深度最好保证为稍微盖过根部，用力按一下，轻轻地盖上土，保证根部不会受伤。

05 浇水

播种、插秧后首先要做的就是浇水。因为植物只能通过根部吸收溶解在水中的养分，所以浇水很重要。栽培植物所带来的神秘感中的一点，就是种子遇到水后会出现活跃的生命活动，然后发芽，长大。最好在感觉栽培容器里的土壤表面开始发干时浇水，而且最好一次给足水分。如果浇到水从栽培容器底部大量流出，则可能会浪费土壤和水的养分。浇水时应该浇到水稍微渗到地面一点儿，而且最好不要让水接触到叶片。叶片上沾了水会容易生病，而且水会随叶片流下，不能全部进到容器里。

浇水的时间以上午为好。晚上或夜里浇水会使湿度增加，叶片会变得脆弱，导致病虫害抵抗力下降。如果没有及时浇水，导致植株出现了枯萎，则要在充分浇水后将其挪至阴凉处，等待植株恢复。要缓缓地浇水，水流太强会导致种子随水一起流出，或者导致水分聚集在一侧。如果担心出现以上情况，可以在播种后，将栽培容器的底部浸泡在装水的水桶中，待土壤上部变湿时再取出即可。

浇水的时间间隔根据温度、湿度、风、植物的大小而改变。温度高、湿度低、通风好、植物较大时要经常浇水。

· **纤维吸水法**　家中栽培植物的最大难点是对水分的管理。浇水太少，会导致植物干死；浇水太多，会导致植物涝死。纤维吸水法不是普通的顶部灌水法（在栽培容器上方浇水的方法），它是利用芯子（碎布）的毛细管道作用，从栽培容器下方向土壤中供应水分的底面灌水的方法。纤维吸水法能够在保证水分的同时，不会使植

〈纤维吸水法〉

1 准备芯子。（无纺布、抹布等）

2 准备容器。

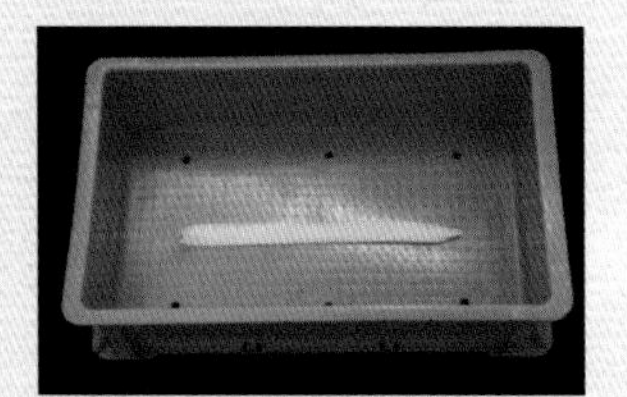

3 将芯子横铺为一条。（正面）

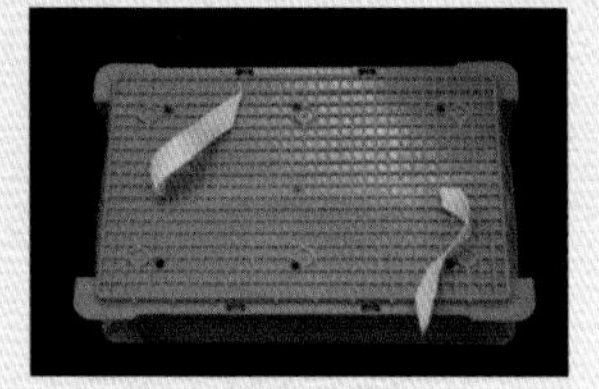

4 将芯子横铺为一条。（后面）

5 填入床土。

6 播种、插秧后，将栽培容器放在盛水的容器的上面。

物承受较大的压力。

纤维吸水法的使用方法如下。准备种植作物的容器和盛水的容器。首先在栽培容器底部的孔内插入无纺布或厚一些的布作为芯子，使其垂下并拉长后向容器中填入土壤。然后将栽培容器放到盛水的容器的上面，通过芯子，水分会被一点点吸收到土壤中。土壤量较多时，则增加芯子的数量，调整芯子的接触面积，以保证土壤中没有干燥的部分。芯子的长度要能接触到盛水容器的底部，盛水容器的注水量要保证放入插了芯子的容器的底部不会接触到水。如果水接触到栽培容器底部，不只养分会流失，湿度也会过高，从而导致植物繁育不良。如果管理肥料也比较困难，则可注入营养液（水+肥料），这样可以同时管理水分和养分。

纤维吸水法可以保持土壤处在既不过湿，也不过干的状态，有利于植物的生长。同时水分不会流到地板上，不用担心地板变脏，方便在阳台上管理。而且如果盛水的容器较大，则可以很长时间不用管理，非常适合忙碌的现代人。

06 施肥

即使不给观叶植物养分，它们也能生长得很好。但如果疏忽了阳台上种植的蔬菜的养分管理，就很有可能使之养分匮乏。此外，蔬菜繁育速度快，需要给予其适当的养分才能保证其茁壮生长。特别是缓效性肥料，由于其成分是在一定时间内缓慢地释放出的，因此在家中栽培蔬菜时不用太担心有肥料危害。

包饭蔬菜在栽培时施肥1次，果菜在一年内施肥2~3次，非常方便。由于床土中已经混合了养分，而且发芽时不需要太多养分，因此，在植物小的时候，肥料浓度过高反而不利于其生长。缓效性肥料比较适用于阳台蔬菜。初期利用床土的养分，大约1个月后观察植物的状态，再给予其养分。

07 病虫害管理

从播种、插秧到收获叶片或果实为止还要一直与病虫害做斗争。每天都要观察植物的状态，查看有没有出现害虫或病变。为了保证不出现病虫害，要对环境进行适当的管理。气温上升的话，可能会有蚜虫等害虫；湿度过高，则可能发生由霉菌或细菌导致的疾病。最重要的莫过于仔细观察，及早发现可以尽早应对病虫害。为了消除病虫害，应该根据专用的农药使用说明书（请参考韩国作物保护协会主页），采用恰当的方法施用农药，但要尽量减少农药的使用量。在发现初期，为了防止危害扩大，采用物理性移除的方法或利用天敌的方法。如果出现了病虫害，则要将其移至其他场所进行隔离，使用杀虫剂或杀菌剂消除病虫害。

· 阳台病虫害产生的主要原因

①病害：可能是害虫带来的病害，也可能是土壤中带有病原菌。高温、高湿的环境也是出现病害的原因。

②害虫：会飞的蚜虫类害虫可能是从窗户或门飞进来的。如果是新买的栽培容器，则可能是土壤中或叶片等处带有害虫的卵或幼虫。

· 常见病害

病名	受害作物	主要发生时间	症状	预防与对策
白粉病	辣椒，番茄、草莓等	5~6月、9~10月	多发于春秋季节等略微干燥及阴凉的条件下。叶、茎、果实表面像撒了一层白色粉末一样生霉，叶片变干或出现畸形	整理茎与叶，保证通风。注意浇水，少用氮肥
灰霉病	茄子、草莓、生菜等	4~6月、10~11月	叶片或花朵、果实表面生霉	注意换气，防止湿度过高，整理叶片和茎，保证通风。尽快摘除生霉的叶片等
炭疽病	辣椒、番茄、草莓、冬葵等	7~9月	多发于温度高及湿度高时。叶片、茎、果实等部位出现黄白色圆形斑点并扩散，导致植物枯死	要利用未染病的健康种子或秧苗。剪枝或昆虫活动留下的伤口容易导致该病，因此要留心细菌感染
疫病	辣椒、番茄、菠菜、生菜等	6~8月	主要发生在根部和地表的茎部，也可出现在叶片或果实上。植株出现大的褐色斑点，湿度过高或排水不畅时会急剧扩散	要保证土壤的排水通畅，及早除去发病的植株
黄萎病	草莓、生菜、菠菜等	5~6月	从下至上，叶片开始变黄并且慢慢枯萎。干燥时症状会变严重	避免使用发过病的土壤，若要再次使用，要利用太阳热等进行消毒。要留心管理，防止土壤的盐度增高
霜霉病	黄瓜、生菜、菠菜等	5~6月、9~10月	多发于梅雨季节等湿度高的时期。叶片表面出现黄褐色斑点并且扩散	要保证土壤排水通畅，及早除去发病的植株。要做好换气工作，防止叶片表面长时间凝结水滴
病毒病	各种蔬菜	6~7月、9~10月	叶片上出现不规则的深绿色或浅绿色斑点，出现马赛克症状，或叶片萎缩、畸形	要尽早去除传播病毒的蚜虫、桑蓟马等媒介虫以及发病的植株

• 常见病虫害

害虫名	受害作物	主要发生时间	症状	预防与对策
飞蛾幼虫类	白菜等蔬菜	5～7月、9～11月	将叶片沿叶脉形状啃咬成网状。附着在叶子背面	发现时即刻清除，或在虫数较多时喷洒专用药
蚜虫	各种蔬菜	4～6月、9～10月	吸取生长点或新长出的叶片的汁液，同时会诱发煤烟病	发现时即刻清除，或喷洒蚜虫专用药，也可以利用其天敌瓢虫
桑蓟马	各种蔬菜	3～10月	长度为1～2mm的褐色软条状虫子，飞不远，靠蹦跳来移动。吸收叶片的汁液，留下白色的小斑点。干燥时出现得较多，危害很大	发现时即刻清除，或喷洒蓟马专用药
螨虫类	辣椒、生菜等	3～10月	多发于干燥时，温度升高时扩散。属于蜘蛛类，但与其他蜘蛛类不同，它寄生在植物上。由于肉眼不易观察到，因此可能误认为是生理障碍或病毒症状。严重时可以看到蜘蛛网。叶片萎缩卷翘，无法正常生长	常浇水可减少其发生。喷洒螨虫专用药
温室粉虱	辣椒、黄瓜等	全年	粉虱附着在叶片背面，吸食汁液，温度高或干燥时常会出现。有时会导致煤烟病，严重时会导致植物势力减弱而死亡	由于粉虱有翅膀可飞行，而且繁殖力强，一旦出现很难消灭。预防从外部流入粉虱很重要，同时换气时要尽量使用防虫网

• 简单的家庭病虫害管理方法

浸水

蚜虫、螨虫等小害虫多到无法用手抓完时，可将植株浸泡到水中。3～4小时后就可以看到死亡的害虫。浸泡时间太长会导致植株受害，因此要注意。

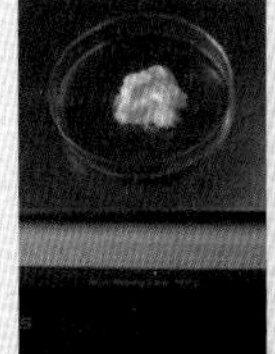

喷洒卵黄油

将蛋黄和食用油用水稀释后制成的混合物叫作“卵黄油”。卵黄油对霜霉病、白粉病以及蚜虫、螨虫等小害虫的防治很有效果。可以使用蛋黄酱制作卵黄油。蛋黄酱60g、水1L，混合均匀后充分喷洒于出现病变或害虫的叶片背面。

08 支架

豌豆或扁豆等藤蔓蔬菜或番茄、辣椒等植株较大且会结果的果菜很容易倒塌，因此要给它们立支架。可利用市场上销售的支架产品或树枝，根据植物的状态来支架。

· 竖直竖立1个支柱的方法 像辣椒这样的植物很容易被风吹倒，因此，插秧后，辣椒苗长到一定大小时就要立支架。首先将长度50～60cm的支柱深深地插入土壤中，与植株平行。为了防止伤害植株根部，要用绳子将植株绑在支柱上。如果绑得太紧，植株在生长时可能会因物理性的压力而受伤。因此，可以绑得松一些，便于绑完后根据植物的生长调整位置。

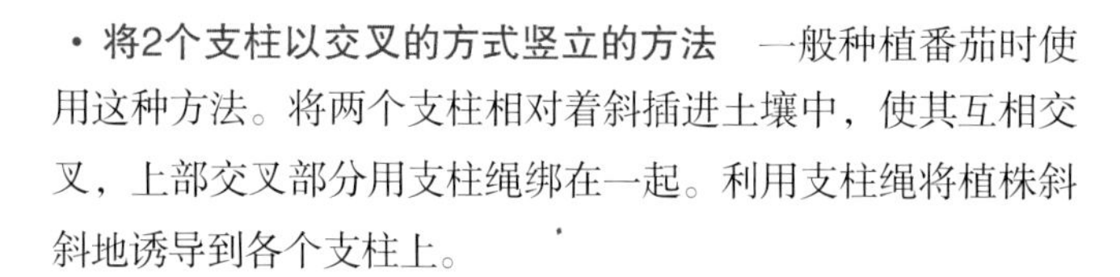

· 将2个支柱以交叉的方式竖立的方法 一般种植番茄时使用这种方法。将两个支柱相对着斜插进土壤中，使其互相交叉，上部交叉部分用支柱绳绑在一起。利用支柱绳将植株斜斜地诱导到各个支柱上。

· 立网的方法 像豆子这样的藤蔓植物可以利用网进行诱导。诱导是为了便于栽培，将茎或藤蔓的方向人为地进行引导。在两侧插入支柱，中间安上网，进行诱导。

09 果菜的人工授粉

辣椒等果菜要想结果必须开花、授粉及受精。植物的花可分为两性花（雌雄同蕊）和单性花（雌雄异蕊）两种。雄蕊的花粉通过风、昆虫、水等沾到雌蕊柱头上，完成授粉和受精。根据授粉的方法，可以分为虫媒花、风媒花、鸟媒花等。

在果蔬中，番茄、草莓属于雌蕊和雄蕊在同一朵花中的两性花，但西瓜、角瓜、黄瓜等则是雌蕊和雄蕊在不同花朵中的单性花。草莓、西瓜等主要依靠昆虫授粉，但在阳台这

人工授粉

样的室内环境下很难通过昆虫授粉。这时，人们人为地摘下花朵利用其花粉，或用刷子蘸上花粉接触雌蕊柱头轻轻旋转涂抹进行授粉，这就是人工授粉。辣椒不用单独进行人工授粉，只要轻轻晃动或打开窗户利用风就可使其授粉。

10 收获

虽然不同植物的收获时期不同，但一般来说收获时间取决于作物的大小、重量、外形、颜色等。受温度等环境的影响，不同的植物会有所差异。但一般来说，就辣椒而言，收获青辣椒要在开花后过20天；要收获红辣椒，则需要在开花后过40天左右。收获叶片的叶菜类的情况也一样，虽然受品种、栽培时间的影响而有所不同，但播种后60天左右，插秧后30天左右即可收获。如果超过了收获时间，叶片长得过于繁盛，则易导致通风变差，产生病变等，因此，最好在最佳时期收获作物。收获的叶片或果实不可暴露在直射光线下，要尽早进行冷藏保管以保持其新鲜度。

4 在阳台营造舒适的“家”

01 适合在阳台上生长的蔬菜和香草

选择适合在阳台种植的蔬菜和香草非常重要。因为除了将栽培容器挂在阳台外进行种植的情况，以及没有玻璃窗、可以接受阳光直射的情况以外，阳台的光照量是不足的。特别是叶片数量要多才能有好的收获的蔬菜，在狭窄的阳台上种植并不经济。果蔬以及叶茎蔬菜的光合作用需求量大，在阳台上种植时无法很好地生长。因此，最好在考察了阳台的环境以后，再选择合适的蔬菜进行种植。结果的蔬菜中长得最好的是小番茄。小番茄比番茄更易种植，可以在阴处生长，收获量比辣椒还要多。阳台种植的辣椒可能会出现不开花、不结果以及花掉落的情况，这可能是由于没有风或者没有受精。原因有很多，但最主要的是光照不足，阳台上种植的蔬菜大多如此。这种情况下使用人工光，或将其放在外面，可以促进其较好地结果。使用人工光可以使阳台蔬菜的生长速度与外面的菜园几乎相同。

生姜在阴处生长得很好，也是适合在阳台上种植的蔬菜。茼蒿、苦苣、菊苣、韭菜、小葱等叶菜也比较容易在阳台上种植。香草的原产地光照强烈，因此香草喜欢强光。买来的迷迭香如果失去了光泽且个数减少，就证明光照不足。与不怎么耐阴的迷迭香相比，推荐大家种植耐阴性好的罗勒、香蜂草等香草。

当然，在光照非常好的地方可以种植上面提到的所有作物，在光线较好的地方也可以种植上面提到的可以在光线不好的地方栽培的作物。但是需要大量光照的茄

阳台光照环境	蔬菜
光照好的阳台 （最高光量 400 $\mu mol \cdot m^{-2} \cdot s^{-1}$以上）	长叶莴苣、皱叶生菜、生菜、小白菜、根莴苣、甜菜、芥菜、羽衣甘蓝、京水菜、菠菜、蜂斗菜、山蓟菜、小番茄、小萝卜、小红萝卜
光照一般的阳台 （最高光量 300 $\mu mol \cdot m^{-2} \cdot s^{-1}$以上）	奶油生菜、橡树叶生菜、茼蒿、小白菜、神仙草、日当归、大叶芹、旱芹、野紫苏叶、垂盆草
光照差的阳台 （最高光量 200 $\mu mol \cdot m^{-2} \cdot s^{-1}$以上）	韭菜、小葱、苦苣、红菊苣、菊苣、油菜、冬葵、生姜、马蹄叶、水芹菜、野蒜

〈适合不同阳台光照量的蔬菜〉

阳台光照环境	香草
光照好的阳台 （最高光量 400 $\mu mol \cdot m^{-2} \cdot s^{-1}$以上）	毛地黄、鸡血石、薰衣草、薰衣草棉、玫瑰天竺葵、柠檬天竺葵、圣约翰草、香茅、艾菊、猫薄荷、菠萝薄荷、巧克力薄荷、苹果薄荷、牛至、橙香百里香、毛蕊花
光照一般的阳台 （最高光量 300 $\mu mol \cdot m^{-2} \cdot s^{-1}$以上）	荷兰芹、白茉莉、肥皂草、香柠檬、蓍草、锦葵、红唇鼠尾草、樱桃鼠尾草、紫锥菊、绵毛水苏、巧克力天竺葵、薄荷天竺葵
光照差的阳台 （最高光量 200 $\mu mol \cdot m^{-2} \cdot s^{-1}$以上）	玫瑰香草、香蜂草、罗勒、药蜀葵、古龙水薄荷

〈适合不同阳台光照量的香草〉

子、草莓、白菜、萝卜等蔬菜不适合在阳台上种植。可以通过将栽培容器挂在阳台外的形式栽培这些作物，但要注意使用恰当的设施防止栽培容器坠落。

02 人工光的使用方法

光线是植物的生长中必不可少的条件。在光线不太好或光照时间短的地方，以及地下等没有光线的地方适合使用人工光。测定光的强度的单位是$\mu mol \cdot m^{-2} \cdot s^{-1}$，它用“摩尔数”来表示1秒内在$1m^2$的面积内光合作用所需要的光，即可视光线区域的受光量。一般来说，室内生活的光量约为10$\mu mol \cdot m^{-2} \cdot s^{-1}$，而室外的阳光最高可

〈利用人工光种植作物〉

达1000～2000μmol·m^{-2}·s^{-1}，可知室内的光照是远远不足的。因此室内种植是一定需要人工光的，只要有人工光，即便是在地下也可以把植物种植得很好。

使用人工光的话，就可以很快速地种植植物，也不必再去羡慕外面的菜园。如果之前您放弃了会落叶的迷迭香、只长长且不变圆的小红萝卜，那么现在可以通过人工光让它们茁壮成长了。

家中比较容易利用的人工光有白炽灯、荧光灯、LED等。让我们一起看一下各种人工光都有哪些特点。

- **白炽灯** 白炽灯的紫外线占有率高，蓝色与青色波长的光线整体不足。发热量大，因此要采取有效的隔热手段。
- **荧光灯** 荧光灯中使叶片旺盛生长的蓝色波长的比率高。最近，能够获得蓝色、青色、赤色波长的光的改良荧光灯也出现在市场上。有白色灯、日光灯、植物生长用灯。植物生长用的红色光及蓝色光的辐射量很大，对光合作用有很大的效果。
- **LED** 消耗电力少且不含水银，由环保材料制成，体积小，可组合成多种形态及波长。缺点是初期费用高。

种植蔬菜以及香草时需要强光，因此用人工光照射植物时最好距离近一些。但是白炽灯和荧光灯如果安装距离太近，则会产生大量的热，从而导致叶片受害，因此最好与叶片保持适当的距离。特别是在梅雨季节，阳光不足，湿度又高时，更加会产生增温的效果，因此如果不是在安装了冷气的场所，务必要小心使用。LED是上述三种光中发热最少的，因此只要做好管理，保证叶片不会接触到LED的元件即可。同时电费最低，而且寿命长。只要能接受初期的安装费用，LED光将会使植物生长得很好。

最近出现了植物专用的LED，可以将有利于光合作用的红色光与蓝色光混合，发出紫色光。虽然光合作用的效率很重要，但紫色光线会使植物变色，使我们很难掌握植物的状态。同时，紫色光容易使人产生疲劳感和反感。使用普通的LED，不仅不会对生长造成影响，而且周围会变亮，能起到间接照明的效果。同时可以看到植物原来的颜色，使人能够根据情况及时采取必要的措施，还能享受到植物本身带来的室内装饰的效果。

人工光的照射时间最好为：在春、秋等光照好的季节，光照方向好的阳台每天照射6～8小时，朝东或朝西的阳台8～10小时。持续阴天的梅雨季节或室内种植时，每天照射12～16小时。人工光适合在上午及下午打开，在晚上关闭。

参考资料：韩国农村振兴厅国立园艺特作科学院http://www.nihhs.go.kr

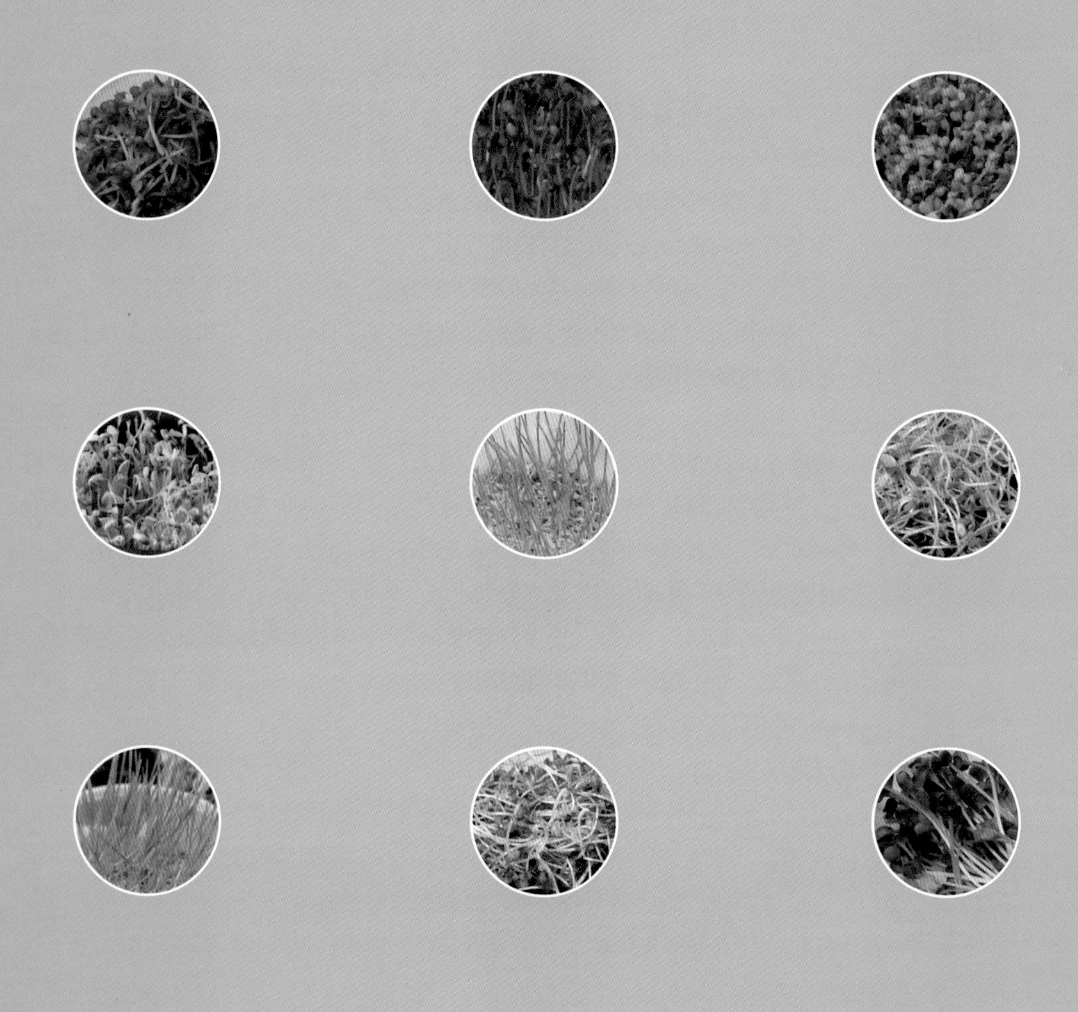

Part 2

芽菜

西蓝花芽菜 / 白菜芽菜

萝卜芽菜 / 红秆萝卜芽菜 /小麦芽菜

大麦芽菜 / 紫花苜蓿芽菜

白花苜蓿芽菜 / 油菜芽菜

芜菁芽菜 / 红甘蓝芽菜

小白菜芽菜 / 水芹菜芽菜

荞麦芽菜 / 豌豆芽菜

蔬菜课堂1

芽菜的故事

1）定义

- 芽菜、芽苗菜、嫩芽
- 英文名称：vegetable sprout
- 指谷物、豆类、蔬菜发出的芽。取整体植株使用，如豆芽。或去根后使用上面的部分（子叶、胚轴、新出的叶）

2）芽菜历史

- 在《乡药救急方》《东医宝鉴》等古籍中早有记录
- 18世纪下半叶，詹姆斯·库克船长在驶向南太平洋方向的船上开始食用利用“大麦芽菜”做成的饭菜
- 19世纪英国料理研究员玛丽留下了含有芥菜和水芹芽菜料理的书籍

3）种类

芽菜虽然由来已久，但受到关注是近些年才开始的事情。芽菜并不是指某些特定的蔬菜，而是指可以食用的作物的嫩芽。除部分作物外，并没有要求作物必须以某种方式或在某特定期间内种植的标准。下面我们根据芽菜的种类来了解一下各种芽菜类型

<u>豆芽类</u>

- 在暗处种植，于子叶展开前使用整体植株
- 子叶呈黄色，而非绿色
- 根部与叶片的生长方向自由
- 黄豆芽、绿豆芽、紫花苜蓿等

<u>萝卜芽类</u>

- 在暗处栽培，待胚轴（茎部）变长后移至亮处，使其充分接受光照
- 子叶展开后取下根部
- 子叶呈深绿色
- 根部向下生长、叶片向上生长
- 萝卜、西蓝花、红甘蓝、白菜、芥菜、油菜、小白菜、羽衣甘蓝、水芹、豌豆、大麦、小麦、荞麦等

中间类

– 在暗室中待其出芽后，移至亮处。子叶呈绿色时，即可食用整体植株
– 子叶呈浅绿色
– 根部与叶片的生长方向自由
– 西蓝花、白花苜蓿等

种芽

– 发芽后即可食用的类型，如玄米芽等

4）营养成分与功效

- 1994年美国约翰·霍普金斯大学医学院的塔拉雷教授指出，西蓝花芽菜中含有的萝卜硫素有很强的抗癌效果。从此以后人们对芽菜的关心以及利用便持续增加
- 种子在满足的光照、氧气、水分、光线等条件下，物质代谢会变得活跃，并且开始发芽。在发芽过程中，种子吸收水分并积极地呼吸，在激素的促进作用下生长，长成芽菜
- 芽菜凝聚了人体生长所需的维生素、矿物质、化学物质等多种营养成分，被称为“天然营养剂”。维生素、矿物质等含量为长大后的蔬菜的3~4倍
- 众所周知，西蓝花中含有的萝卜硫素对胃癌、胃溃疡的发生具有抑制作用。有报告指出，芽菜所含的萝卜硫素的含量是长大后的蔬菜的10倍以上

蔬菜课堂2

芽菜的种植

1）豆芽类芽菜的种植

第1阶段 准备材料

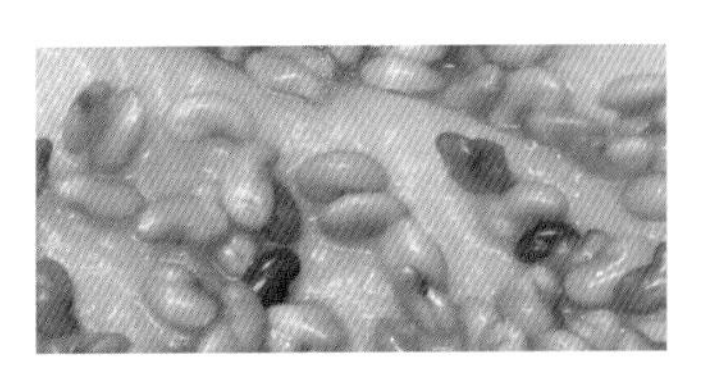

- 要准备没有经过杀菌剂处理的芽菜专用种子，不能用作物栽培用的种子
- 栽培容器:宽口的瓶子、塑料栽培容器、篮子、小碗、杯子、一次性塑料容器等
- 纱布、排水网、皮筋等

第2阶段 种子泡水

①将种子放在宽口的瓶子（容器）中，约1/4即可。种子放得太多会导致生长空间不足和生长不良，而且未发芽的种子有可能会腐烂
②将种子放入瓶中倒入水后轻轻晃动，待种子沉淀后将水倒掉，重复2~3次。这样可以洗掉附着在种子表面的异物以及种皮上抑制发芽的物质
③再次向瓶中注入1/2左右的水，浸泡6~8小时后需要进行搅拌或更换新水以供给氧气

第3阶段 加水与控水

①将纱布套在瓶口处，用皮筋固定好做成一个盖子

②将瓶子倒置，沥干水分。每天早、晚至少进行2次加水和控水。如果水停留在一处，很容易从那里开始出现变质，因此要尽可能地将水沥干，而且最好经常换水

第4阶段 管理及收获

①适合芽菜生长的温度约为23℃。种子在发芽过程中，由于呼吸作用会产生热量，因此要进行周期性的通风

②豆芽类的芽菜在种植过程中由于不接受光照而呈黄色

③芽菜的栽培时间短，因此不易出现病虫害。但如果疏忽了浇水等方面的管理，则会出现霉病或植株变质等情况，因此要周期性地做好换水等工作

④经过5~10天，芽菜长到3~6cm时即可食用。到了收获的时候，将植株拔出，用干净的水冲洗多次，去掉外壳后食用（黄豆芽、绿豆芽、紫花苜蓿等）

2）萝卜类芽菜的种植

第1阶段 准备材料

- 需要未经过杀菌剂等处理的芽菜专用种子，不能用一般的作物栽培用种子
- 栽培容器：芽菜专用栽培容器、较浅的碟子、一次性塑料容器
- 洗碗巾或海绵、喷雾器、箔纸等

第2阶段 播种

①将洗碗巾铺在栽培容器内，用喷雾器喷水，使其充分浸湿

②将泡好的种子在容器内的洗碗巾上铺开。如果种子聚集在一个地方会导致生长不均衡，因此铺的时候要细心

③用喷雾器将种子表面喷湿后盖上箔纸。播种后如果立刻放到直射光线下，会不利于种子生长，因此要做一个盖子或者将其放置到阴凉处

第3阶段 管理及收获

①每天用喷雾器喷水2次以上

②约3天后，如果根部已在洗碗巾上牢牢生根，则可从容器一侧的边缘给水。生长茁壮的植株根部表面会长出棉絮状的根

③去掉盖子将其移至亮处，芽菜将会变成绿色

④经过5~10天长到5~10cm时即可食用。收获时，用手拔取所需的量，将根部用刀或剪刀切下，用水清洗，去掉种皮后食用

⑤可以每天拔一点食用。在主叶长出来之前收获即可

富含萝卜硫素的西蓝花芽菜

提到芽菜人们就会想起芽菜的代表——西蓝花芽菜。西蓝花芽菜中含有大量能够抑制导致胃溃疡或胃癌的幽门螺杆菌活性的萝卜硫素。种子的直径约为2mm，泡水后会膨大2倍左右。播种约2天后开始发芽，约1周后即可收获。

	0天	1天	2天	3天	4天	5天	6天	7天
栽培日志	播种		发芽	···	接受光照	···	···	收获
	芽菜大小							
			0.2~0.3cm	···	1.5~2cm	···	···	4~5cm

栽培信息	栽培难度	所需光量	出芽温度	适合生长的温度	收获所需时间
	★☆☆	★☆☆	15~30℃	15~20℃	7天

栽培过程

✚ 准备用品 西蓝花芽菜种子、栽培容器、喷雾器、洗碗巾、汤匙、箔纸或布

1 将栽培容器洗净备好，将洗碗巾裁成适当大小。

2 将洗碗巾铺到栽培容器里，用汤匙将种子铺开，注意种子之间不要互相重叠。

3 将喷雾器装水后进行喷水。用箔纸或布做成的盖子盖住容器，防止光线射入，然后移至阴凉处或暗处。

4 随时浇水并确认其状态。

5 经过4天左右，种子会在洗碗巾上牢牢生根。嫩芽长到一定程度后，将其移至亮处，去掉盖子，以便接受光照。

6 经过7天左右，菜芽长到4~5cm，子叶展开后即可收获。

播种第4天

播种第7天——收获

Tip

市场上销售的芽菜专用栽培容器是在底部进行注水的。经过3~4天，如果根部向下生长，则无须另行浇水，根部即可吸收水分。在家中使用碟子或杯子等栽培容器时，由于排水效果不好，因此要利用喷雾器随时给水，或者一天最少给2次水。在高温的夏季有可能出现腐烂现象，因此要更加频繁地给水以及控水。

Q 芽菜的种子和一般蔬菜的种子不一样吗?

A 为了消除发芽及育苗期间可能出现的病原菌，市场上销售的栽培用蔬菜一般会对种子表面做杀菌处理。但芽菜在泡水后7~10天的时间内即可培育完成并食用，因此无须做杀菌处理。

好生长、易栽培的**白菜芽菜**

味道简单的白菜芽中含有具有抗酸化、抗癌作用的异硫氰酸盐，以及有助于皮肤活性的氨基酸——胱氨酸。种子的直径约为2mm，泡水后约膨大1.5倍。播种1天即可发芽，6~7天后即可收获。

栽培日志	0天	1天	2天	3天	4天	5天	6天	7天
	播种	发芽	···	接受光照	···			收获
	芽菜大小							
			0.2~0.3cm	1.5~2cm	···			5~6cm

栽培信息	栽培难度	所需光量	出芽温度	适合生长的温度	收获所需时间
	★☆☆	★☆☆	15~34℃	18~20℃	7天

栽培过程

+ 准备用品 白菜芽菜种子、栽培容器、喷雾器、洗碗巾、汤匙、箔纸或布

1 将栽培容器洗净备用，将洗碗巾裁成合适的大小。

2 把洗碗巾铺到栽培容器里，按一定的间隔密密地放入种子。

3 将喷雾器装入干净的水后进行喷水。为了避免光线进入，用箔纸或布做成的盖子盖住容器，移至阴凉处或暗处。

4 经过2~3天，嫩芽长到一定程度后将其移至亮处，接受光照。植株进行光合作用后叶片会变成绿色。

6 经过6~7天，菜芽长到5~6cm，子叶展开后即可收获。

播种4天

播种第7天——收获

Tip

种植芽菜时，铺在容器底部的纱布或洗碗巾要求排水性要好。有的洗碗巾排水性不好，使用这种洗碗巾容易产生积水，导致种子腐烂。使用纱布时，由于接触面比较粗糙，种子不易滑动，因此控水时方便将容器倾斜。

Q 芽菜种子如何消毒？

A 与一般的栽培用蔬菜的种子不同，芽菜专用种子没有经过杀菌处理。在种植芽菜的过程中，为了减少病虫害的发生，最好从播种阶段开始消除病原菌。家中可以使用次氯酸钠或热水对种子进行杀菌。使用次氯酸钠消毒时，将10ml的次氯酸钠稀释于90ml的水中，将芽菜种子浸泡1~2小时。使用热水消毒时，将种子浸泡在60℃左右的热水中约15分钟即可。水温过高种子会被烫熟，因此要注意水温。

容易在家里种植的萝卜芽菜

很久以前人们就开始食用味道辛辣的萝卜芽菜了。其中含有的释放辛辣味道的异硫氰酸盐的抗癌作用众所周知。其还含有能有效预防夜盲症的β－胡萝卜素以及维生素B_1、维生素B_2、维生素B_3、维生素C、叶酸、钙、钾等。种子的直径为3~5mm，浸水后约膨大2倍。播种1天后开始发芽，1周后即可收获。

<table>
<tr><td rowspan="4">栽培日志</td><td>0天</td><td>1天</td><td>2天</td><td>3天</td><td>4天</td><td>5天</td><td>6~7天</td></tr>
<tr><td>播种</td><td>发芽</td><td>…→</td><td>接受光照</td><td>…→</td><td>…→</td><td>收获</td></tr>
<tr><td colspan="7">芽菜大小</td></tr>
<tr><td></td><td>0.5cm</td><td>…→</td><td>1~2cm</td><td>…→</td><td>…→</td><td>7~8cm</td></tr>
<tr><td rowspan="2">栽培信息</td><td>栽培难度</td><td>所需光量</td><td>出芽温度</td><td>适合生长的温度</td><td>收获所需时间</td></tr>
<tr><td>★☆☆</td><td>★☆☆</td><td>15~34℃</td><td>17~23℃</td><td>7天</td></tr>
</table>

栽培过程

✚准备用品 萝卜芽菜种子、栽培容器、喷雾器、洗碗巾、汤匙、箔纸或布

1 将栽培容器洗净备用，将洗碗巾裁成合适的大小。

2 将洗碗巾铺到栽培容器里，按一定的间隔密密地放入种子。

3 将喷雾器装入干净的水后进行喷水。为了避免光线进入，用箔纸或布做成的盖子盖住容器，移至阴凉处或暗处。

4 每天使用喷雾器给水，并确认其状态。随时清除容器底的积水。

5 经过2~3天，根部生长到一定程度时，将其移至亮处接受光照。如果要使用黄色的嫩芽，菜则可一直用箔纸盖子盖住。

6 经过6~7天，菜芽长到7~8cm，子叶展开后即可收获。将芽菜整体拔出，在流水下边抖边冲洗。

播种第4天

播种第7天——收获

Tip

在容器内铺种子时要保证种子不会互相重叠，否则会导致其无法正常发芽或由于无法正常发芽而腐烂的情况。因此，种子的铺放是很重要的。

Q 为什么芽菜根部会出现白色霉状物?

A 芽菜根部的白色根毛让它看起来像是生了白色的霉。植物根的末端附近有一些像线一样细长的毛，叫作“根毛”。水分以及无机养分的吸收就是在根毛处进行的。在比较干燥的情况下，根部通过利用空气中的水分长出细小的根毛。就是这些根毛让它看起来像是发霉了一样。

为料理增色的**红秆萝卜芽菜**

虽然与萝卜芽菜相同，但胚轴是红色的。主要在制作料理时为了增添红色而使用。红色蔬菜中所含的花色素苷有着众所周知的抗酸化效果。红秆萝卜芽菜所含的释放辛辣味道的异硫氰酸盐有抗癌作用，它所含的大量的锌利于生长发育，它所含的淀粉酶有助于消化。种子的直径约为3mm，浸水后约膨大2倍左右。播种1天后开始发芽，1周后即可收获。

栽培日志	0天	1天	2天	3天	4天	5天	6~7天
	播种	发芽	···→	接受光照	···→	···→	收获
	芽菜大小						
		0.5cm	···→	1~2cm		···→	7~8cm

栽培信息	栽培难度	所需光量	出芽温度	适合生长的温度	收获所需时间
	★☆☆	★☆☆	15~34℃	17~23℃	6~7天

栽培过程

+准备用品 红秆萝卜芽菜种子、栽培容器、喷雾器、洗碗巾、汤匙、箔纸或布

1 将栽培容器洗净备用，将洗碗巾裁成合适的大小。

2 将洗碗巾铺到栽培容器中，均匀地放入种子。

3 将喷雾器装入干净的水后进行喷水。为了避免光线进入，用箔纸或布做成的盖子盖住容器，移至阴凉处或暗处。

4 每天要给水3~4次，防止干枯。经过2~3天，菜芽长到一定大小时，去掉盖子，移至亮处，使其接受光照。红秆萝卜芽菜一类的有色蔬菜必须要接受光照才能呈现出原来的颜色。

5 经过6~7天，菜芽长到7~8cm，子叶展开后即可收获。

播种4天

播种第6天——收获

Tip

控水时要将容器倾斜，如果根部没有长好，则容易出现将种子一起倒掉的情况。出现这种情况时，可将容器底部的纱布或洗碗巾对折后盖住种子再控水，这样种子就不会被倒出去了。

Q 种植芽菜的水里发出味道时怎么办?

A 在夏天这样的高温期间，栽培芽菜的容器里很容易出现不好的气味。这是因为容器中的水分已经变质、腐败。在已经长出根部的情况下，可以倒掉之前已经变质的水，注入新水，以保持清洁。种子还没发芽或存在种皮等残留物时比较容易发生变质，因此，要每天换新水，或者在根部放上网一类的东西，将植株与积水分离，这两种方法都比较便于管理。

富含膳食纤维的**小麦芽菜**

甜味较重的小麦芽菜中富含膳食纤维，对便秘有很好的效果，而且热量低，有利于减肥。其中所含的钙有利于骨骼形成。含有的胡萝卜素、铁、钾等元素对降低血液中的葡萄糖浓度、提高胰岛素浓度有很好的效果，有利于改善糖尿病。种子的直径约为7mm，浸水后膨大约2倍。播种2天后开始发芽，1周后即可收获。

栽培日志	0天	1天	2天	3天	4天	5天	6~7天
	播种		发芽	接受光照	···	···	收获
	芽菜大小						
			0.5cm	1cm	···	···	10~12cm

栽培信息	栽培难度	所需光量	出芽温度	适合生长的温度	收获所需时间
	★☆☆	★☆☆	25~30℃	20~25℃	6~7天

栽培过程

+准备用品 小麦芽菜种子、栽培容器、喷雾器、洗碗巾、汤匙、箔纸或布

1 将栽培容器洗净备用，将洗碗巾裁成合适的大小。

2 将洗碗巾铺到栽培容器中，均匀地放入种子。

3 将喷雾器装入干净的水后进行喷水。为了避免光线进入，用箔纸或布做成的盖子盖住容器，移至阴凉处或暗处。

4 每天给水2~3次。2~3天后，菜芽长到一定大小后去掉盖子，移至亮处接受光照。

5 接受光照时间过久会使其颜色变深。6~7天后，菜芽长到10cm左右时即可收获。

播种第3天

播种第7天——收获

Tip

种芽菜的时候，如果给水不及时，那么会导致种子干枯或菜芽枯萎，并很难再次活过来。因此要注意水的管理，防止植物干枯。

Q 有哪些种好芽菜的方法?

A 只要注意气温、给水时间以及给水量就可以轻松地种好芽菜。比较容易栽培的时间是秋天到翌年春天。由于气温变化大时不利于繁育，因此要在播种后2~3天内将其放置在温度变化不大的地方。夏季高温期间水质容易腐败，要格外注意。

富含钙、铁、膳食纤维的**大麦芽菜**

膳食纤维丰富，对便秘、高血压、贫血、糖尿病等有良好效果。含有维生素B、叶酸等。钙含量为牛奶的5倍，胡萝卜素含量为西葫芦的16倍，铁元素含量为菠菜的25倍以上。种了的直径为约为7mm，浸水后约膨大至原来的2倍。播种2天后开始发芽，10天后可以收获。

<table>
<tr><td rowspan="4">栽培日志</td><td>0天</td><td>1天</td><td>2天</td><td>3天</td><td>···→</td><td>7天</td><td>···→</td><td>10天</td></tr>
<tr><td>播种</td><td></td><td>发芽</td><td>接受光照</td><td>···→</td><td>···→</td><td>···→</td><td>收获</td></tr>
<tr><td colspan="8">芽菜大小</td></tr>
<tr><td></td><td></td><td>0.5cm</td><td>1cm</td><td>···→</td><td>5cm</td><td>···→</td><td>10cm</td></tr>
<tr><td rowspan="2">栽培信息</td><td colspan="2">栽培难度</td><td>所需光量</td><td>出芽温度</td><td colspan="2">适合生长的温度</td><td colspan="2">收获所需时间</td></tr>
<tr><td colspan="2">★☆☆</td><td>★☆☆</td><td>25~30℃</td><td colspan="2">20℃</td><td colspan="2">10天</td></tr>
</table>

栽培过程

+ 准备用品 大麦芽菜种子、栽培容器、喷雾器、洗碗巾、汤匙、箔纸或布

1 将栽培容器洗净备用，将洗碗巾裁成合适的大小。

2 将洗碗巾铺到栽培容器中，均匀地放入种子。

3 将喷雾器装入干净的水后进行喷水。为了避免光线进入，用箔纸或布做成的盖子盖住容器，移至阴凉处或暗处。

4 一天内要随时喷水，并确认状态。经过3~4天，菜芽长到一定程度后去掉盖子，接受光照。经过5~6天即可生长到可食用的大小。

5 经过10天左右，菜芽长到约10cm时即可收获。大麦芽菜只能食用上面的部分，不能食用其根部。

播种4天

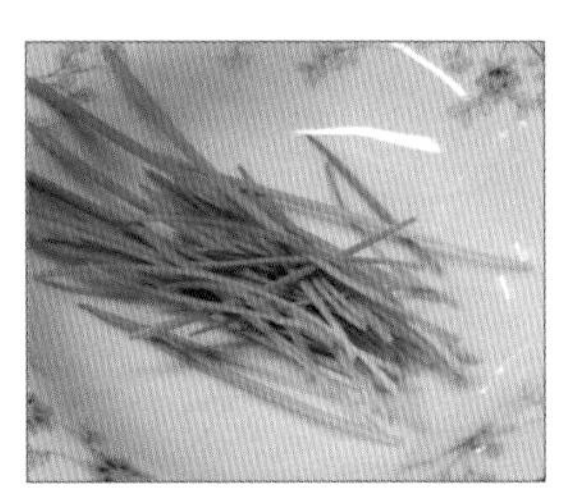

播种第10天——收获

Tip

种植芽菜时要尽量使用纯净水或矿泉水。虽然芽菜的栽培时间短，但很容易出现腐败或变质等现象，因此最好使用干净的容器与水。

Q 大麦芽菜中有哪些有益成分?

A 大麦芽菜含有超氧化物歧化酶（SOD:Superoxide Dismutase）和维生素C。它的歧化酶有防止肌肉疲劳以及清除对细胞及组织有害的活性氧的作用。歧化酶的含量为普通蔬菜的6倍，维生素C的含量为柠檬汁的2~3倍。膳食纤维的含量是红薯的20倍，早、晚饮用大麦芽菜做成的菜汁可以减轻春困症，并对肥胖、高血压等预防有所帮助，还能抑制癌细胞的转移与生长，对皮肤美白也有一定功效。

口感绵软的**紫花苜蓿芽菜**

紫花苜蓿在欧洲地区或美国一直都被当作牧草、绿肥作物，属于豆科多年生草本植物。它非常柔软，在低温下也能很好地生长。它含有膳食纤维与多种维生素类成分，能预防便秘，还能降低血液中的胆固醇含量。种子的直径约为3mm，浸水后约膨大为原来的3倍。紫花苜蓿芽菜属于豆芽类，在播种1天后开始发芽，6~7天后即可收获。

栽培日志	0天	1天	2天	3天	4天	5天	6~7天
	播种	发芽	···	接受光照	···	···	收获
	芽菜大小						
		0.5cm	···	2cm	···	···	5~6cm

栽培信息	栽培难度	所需光量	出芽温度	适合生长的温度	收获所需时间
	★☆☆	★☆☆	20℃	适应范围广	6~7天

栽培过程

准备用品 紫花苜蓿芽菜种子、栽培容器、喷雾器、洗碗巾、汤匙、箔纸或布

1 将栽培容器洗净备用，将洗碗巾裁成合适的大小。

2 将洗碗巾铺到栽培容器中，均匀地放入种子。

3 如果要把紫花苜蓿作为豆芽类蔬菜进行栽培，就需要像种豆芽一样分为几层，以避免出现须根。

4 将喷雾器装入干净的水后进行喷水。为了避免光线进入，用箔纸或布做成的盖子盖住容器，移至阴凉处或暗处。

5 经过2~3天，长出一定长度的根以后再控水会更容易。要使用黄色的芽菜，则一直盖着箔纸盖子即可；要使用绿色的芽菜，则需在取下盖子后移至亮处，接受光照。

6 经过6~7天，菜芽会展开如蝴蝶模样的叶片，开始旺盛生长。

播种第3天

播种第7天——收获

Tip

芽菜一旦超过收获时间，种子内的养分就会消耗殆尽，繁殖变差，最终叶子变黄或枯萎而死。因此，要使用新鲜的芽菜，必须抓住收获时机。

Q 种植豆芽类芽菜时有哪些注意事项？

A 在种植紫花苜蓿、豆子、芝麻等豆类芽菜时，最好使用一次性杯子或饮料瓶等透明的容器，以便观察状态与繁殖情况。每天都要更换干净的新水，在容器上部套上纱布后用橡皮筋固定好，将容器反过来倒掉水，可以防止积水导致的芽菜变质。

富含营养元素的

白花苜蓿芽菜

“谁能找到4片叶子的白花苜蓿，谁就会拥有幸运。”这个传说中的白花苜蓿在欧洲一直被当作牧草。它和紫花苜蓿芽菜一同作为芽菜，被广泛使用。其富含维生素（A、B、C、E、K）、钙、铁、镁、磷、锌等。种子的长度约为3mm，浸水后约膨大为原来的3倍。播种1天后开始发芽，6~7天后即可收获。

栽培日志	0天	1天	2天	3天	4天	5天	6～7天
	播种	发芽	···	接受光照	···	···	收获
	芽菜大小						
		0.5cm	···	2cm	···	···	5～6cm

栽培信息	栽培难度	所需光量	出芽温度	适合生长的温度	收获所需时间
	★☆☆	★☆☆	25~30℃	15～30℃	6～7天

栽培过程

准备用品 白花苜蓿芽菜种子、栽培容器、喷雾器、洗碗巾、汤匙、箔纸或布

1 将栽培容器洗净备用，将洗碗巾裁成合适的大小。

2 将洗碗巾铺到栽培容器中，均匀地放入种子。

3 将喷雾器装入干净的水后进行喷水。为了避免光线进入，用箔纸或布做成的盖子盖住容器，移至阴凉处或暗处。

4 一天中要随时喷水，并确认状态。特别是在高温的夏季要随时给水，同时及时控水，防止底面积水。经过2~3天，菜芽长到一定程度后将其移至亮处，接受光照。如果想食用柔嫩的菜芽，可在收获的前1天使其接受光照。

5 经过6~7天，菜芽长到5~6cm，子叶展开后即可收获。

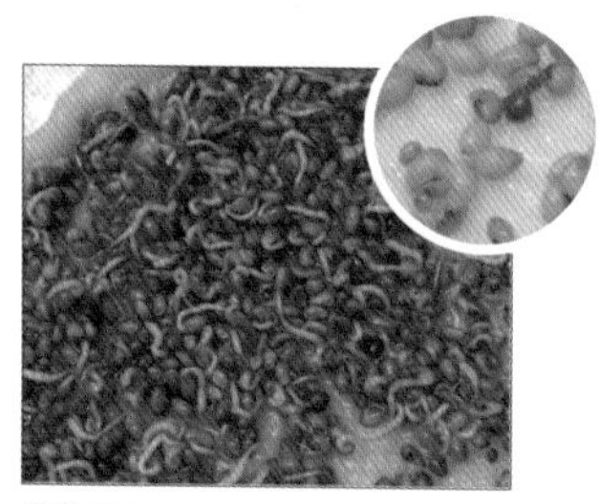

播种3天

播种第7天——收获

Tip

按照种豆芽的方式种芽菜时可以食用其植株的整体。但利用碟子等种植时则要去掉根部，只食用上面的部分。

Q 预防芽菜细菌繁殖的方法有哪些?

A 适合芽菜生长的条件也是适合细菌繁殖的条件。因此食用芽菜的时候最好用干净的水多冲洗几遍。可以利用家庭中的食醋来杀菌。使用市场上销售的酸性物质消毒时，也要掺入6%～7%的食醋水，制成10～16倍的稀释液。然后将芽菜在其中浸泡10～15分钟，用流水冲洗干净即可。

富含维生素的油菜芽菜

由于富含维生素A、维生素B_1、维生素B_2、维生素C等多种维生素，又被称为“维生素菜”。尤其富含有利于强化视力的维生素A。种子的直径约为2mm，浸水后约膨大为原来的2倍。播种2~3天后开始发芽，7~8天后即可收获。

	0天	1天	2天	3天	4天	5天	6天	7~8天
栽培日志	播种			接受光照	···	···	···	收获
	芽菜大小							
				0.2cm	···	···	···	4~5cm

栽培信息	栽培难度	所需光量	出芽温度	适合生长的温度	收获所需时间
	★☆☆	★☆☆	15 ~ 30℃	15 ~ 20℃	7~8天

栽培过程

+准备用品 油菜芽菜种子、栽培容器、喷雾器、洗碗巾、汤匙、箔纸或布

1 将栽培容器洗净备用，将洗碗巾裁成合适的大小。

2 把洗碗巾铺到容器中，将种子铺开，不要互相重叠。

3 将喷雾器装入干净的水后进行喷水。为了避免光线进入，用箔纸或布做成的盖子盖住容器，移至阴凉处或暗处。

4 每天要用喷雾器给水3~4次，给水要充足。在高温的夏季一天要给水4~5次，并及时控水，防止底面积水。经过4~5天，菜芽长到一定程度后将其移至亮处。

5 经过7~8天，菜芽长到4~5cm，子叶展开后即可收获。

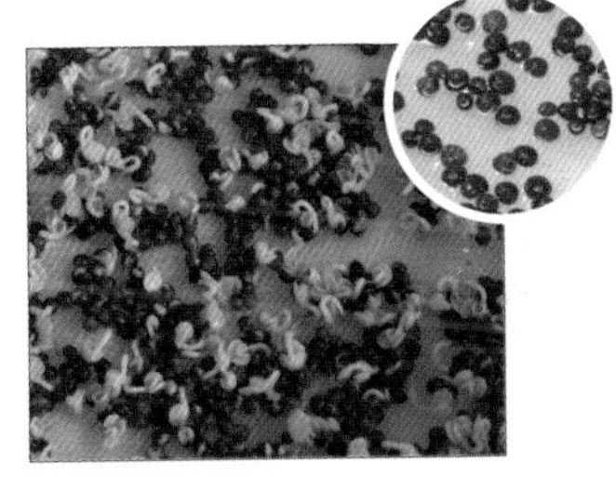

播种第3天

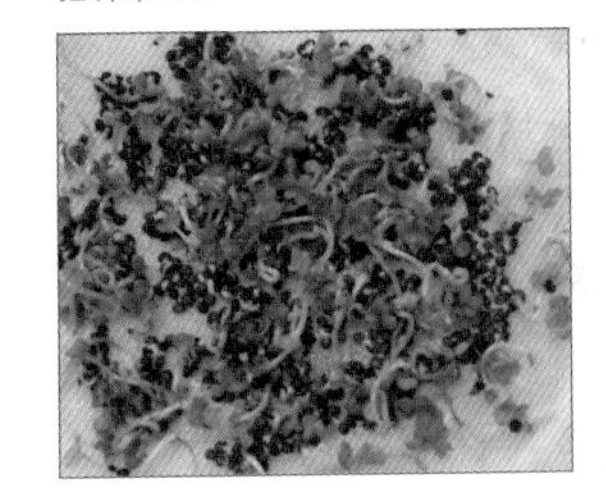

播种第5天

Tip

即使没有养分只有水也可以栽培芽菜，因此能够实现无农药栽培。但收获时常常出现种皮贴附等较乱的现象，因此要将根部等完全栽掉后，用清水充分冲洗5~6次再食用。

Q 用过一次的容器可以再次使用吗?

A 用过的容器是可以再次使用的，但是使用前必须用洗涤剂或热水清洗干净，并进行消毒。使用用过的容器或使用新买的容器时，都要在使用前进行彻底的清洗和消毒。

苦辣兼具的芜菁芽菜

芜菁芽菜中含有的异硫氰酸盐不仅能够释放出辣味，而且还具有抗癌作用。芜菁富含的钾、钙等无机质有促进盐分排出的作用，富含的膳食纤维能够预防便秘。种子的直径约为2mm，浸水后约膨大为原来的2倍。播种2~3天后开始发芽，7~8天后即可收获。

栽培日志	0天	1天	2天	3天	4天	5天	6天	7~8天
	播种			发芽	···	接受光照	···	收获
	芽菜大小							
				0.2cm	···	1cm	···	4~5cm

栽培信息	栽培难度	所需光量	出芽温度	适合生长的温度	收获所需时间
	★☆☆	★☆☆	15~20℃	18℃	7~8天

栽培过程

✚准备用品 芜菁芽菜种子、栽培容器、喷雾器、洗碗巾、汤匙、箔纸或布

1 将栽培容器洗净备用，将洗碗巾裁成合适的大小。

2 把洗碗巾铺到容器中，将种子铺开，不要互相重叠。

3 将喷雾器装入干净的水后进行喷水。为了避免光线进入，用箔纸或布做成的盖子盖住容器，移至阴凉处或暗处。

4 一天中要随时喷水，并确认状态。特别是在高温的夏季，一天要给水4~5次，并且经常控水，防止底部积水腐败。菜芽长到一定大小后移至亮处接受光照。

5 经过7~8天，菜芽长到4~5cm，子叶展开后即可收获。

播种3天

播种第8天——收获

Q 怎样保管剩下的芽菜种子？

A 如果在一般室温下保管种子，受高温等情况的影响，发芽率会降低。因此，最好用胶布等做好密封后进行冷藏保管或置于干燥的玻璃瓶中保管。

抗酸化效果显著的红甘蓝芽菜

与红秆萝卜芽菜一样，红甘蓝芽菜的胚轴和子叶都呈现红色。制作料理时为了增加红色常加入红甘蓝芽菜。红色蔬菜中含有花色素苷，有显著的抗酸化效果。它所含的维生素U对胃炎及胃溃疡等有很好的效果。种子的直径约为2mm，浸水后约膨大为原来的2倍。播种3~4天后开始发芽，8~9天后即可收获。

栽培日志	0天	1天	···›	3~4天	···›	6天	···›	8~9天
	播种			发芽	···›	接受光照	···›	收获
	芽菜大小							
				0.2cm	···›	1cm	···›	4~5cm

栽培信息	栽培难度	所需光量	出芽温度	适合生长的温度	收获所需时间
	★☆☆	★☆☆	18~30℃	15~20℃	8~9天

栽培过程

准备用品 红甘蓝芽菜种子、栽培容器、喷雾器、洗碗巾、汤匙、箔纸或布

1 将栽培容器洗净备用，将洗碗巾裁成合适的大小。

2 将洗碗巾铺在栽培容器中，放入种子后利用汤匙将种子铺开，种子之间不要互相重叠。

3 将喷雾器装入干净的水后进行喷水。为了避免光线进入，用箔纸或布做成的盖子盖住容器，移至阴凉处或暗处。

4 一天中要随时喷水，并确认状态。随时控干底面的积水。经过5~6天，菜芽长到一定程度后取下盖子，移至亮处。接受光照后，茎与叶片将呈紫色。

5 经过8~9天，菜芽长到4~5cm，子叶展开后即可收获。

播种第3天

播种第9天——收获

Q 芽菜种子播种以后不可以立刻就给予光照吗?

A 播种后如果立刻让其接受直射光线的照射，或没有做好水分管理，种子则会干死或生长不良。而且，光照强度越大胚轴就会变得越发粗短，因此如果一开始就接受强光照射，芽菜会长得很短。如果想种出长度合适的胚轴，那么在播种后盖上盖子，或放置在阴凉处，等胚轴长度达到2cm左右时再移至亮处。

富含β-胡萝卜素与钙的**小白菜芽菜**

小白菜原产于中国，虽然没有特殊的香气，但口感十分绵软。含有钙、钾、维生素A、维生素C，以及能够强化免疫系统的β-胡萝卜素。众所周知，维生素C有利于美容皮肤，而且有预防便秘的效果。种子的直径约为2mm，浸水后约膨大为原来的2倍。播种2~3天后开始发芽，7~8天后即可收获。

栽培日志	0天	1天	2天	3天	4天	5天	6天	7~8天
	播种			发芽	···	接受光照	···	收获
	芽菜大小							
				0.2cm	···	1cm	···	4~5cm

栽培信息	栽培难度	所需光量	出芽温度	适合生长的温度	收获所需时间
	★☆☆	★☆☆	15~20℃	20~25℃	7~8天

栽培过程

✚ 准备用品 小白菜芽菜种子、栽培容器、喷雾器、洗碗巾、汤匙、箔纸或布

1 将栽培容器洗净备用，将洗碗巾裁成合适的大小。

2 将洗碗巾铺到容器中，利用勺子将种子铺开，种子之间不要互相重叠。

3 将喷雾器装入干净的水后进行喷水。为了避免光线进入，用箔纸或布做成的盖子盖住容器，移至阴凉处或暗处。

4 一天内要随时给水，并确认状态。特别是在高温的夏季，一天要给水4~5次，要控掉栽培容器里的水分防止底面的水腐败。菜芽长到一定大小后移至亮处。

5 经过7~8天，菜芽长到4~5cm，子叶展开后即可收获。

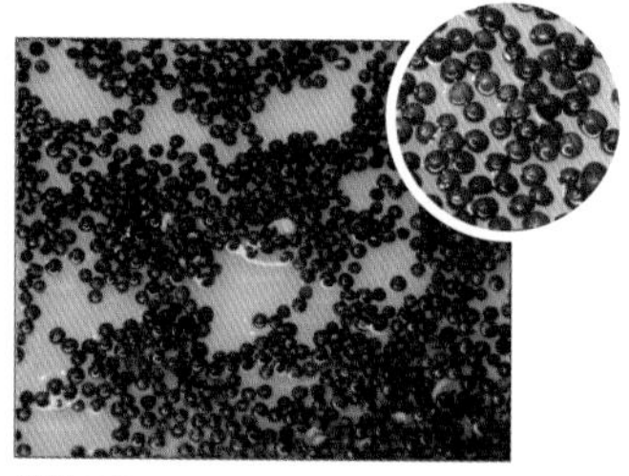

播种3天

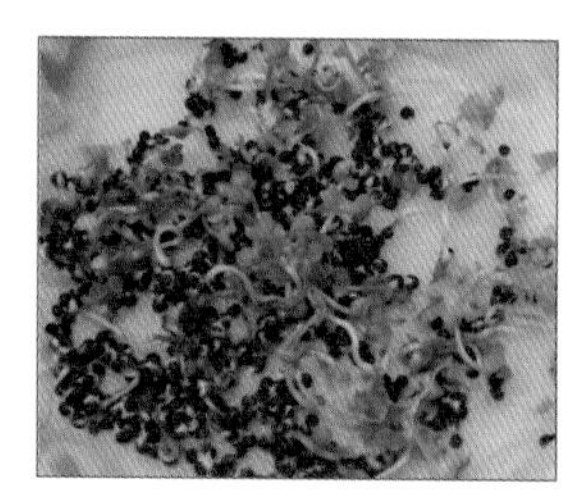

播种第8天——收获

Q 黄色和绿色这两种小白菜芽菜是不同的吗？

A 虽然不同种类的小白菜会有所差异，但芽菜的颜色是根据接受的光照量而变化的。完全不接受光照时是淡黄色，接受短时间的光照后变为淡绿色，长期接受强光照射则会变为翠绿色。种植芽菜时，如果能调整好光照量，就可以收获两种颜色的芽菜。

具有特殊香气的**水芹菜芽菜**

具有特殊的香气，在室内种植时，香气会散布到整个室内。含有铁、维生素C、维生素E等，有利于清理血液和净化肝脏。种子的直径约为3mm，浸水后约膨大至原来的7倍。由于会产生黏稠液体，因此想把种子铺好并非易事。播种2~3天后开始发芽，10天后即可收获。

栽培日志	0天	1天	···	2~3天	···	6天	···	10天
	播种			发芽	···	接受光照	···	收获
	芽菜大小							
				0.2cm	···	1cm	···	4~5cm

栽培信息	栽培难度	所需光量	出芽温度	适合生长的温度	收获所需时间
	★☆☆	★☆☆	13~15℃	10~18℃	10天

栽培过程

+ **准备用品** 小白菜芽菜种子、栽培容器、喷雾器、洗碗巾、汤匙、箔纸或布

1 将栽培容器洗净备用，将洗碗巾裁成合适的大小。

2 把洗碗巾铺到栽培容器中，利用汤匙将种子铺开，注意种子之间不要互相重叠。

3 将喷雾器装入干净的水后进行喷水。为了避免光线进入，用箔纸或布做成的盖子盖住容器，移至阴凉处或暗处。

4 虽然种子表面有黏液不易变干，但是仍要随时用喷雾器喷水，并确认状态。要随时控除栽培容器底面的积水。

5 菜芽长到一定程度后将其移至亮处，接受光照。

6 经过10天左右，菜芽长到4~5cm时即可收获。

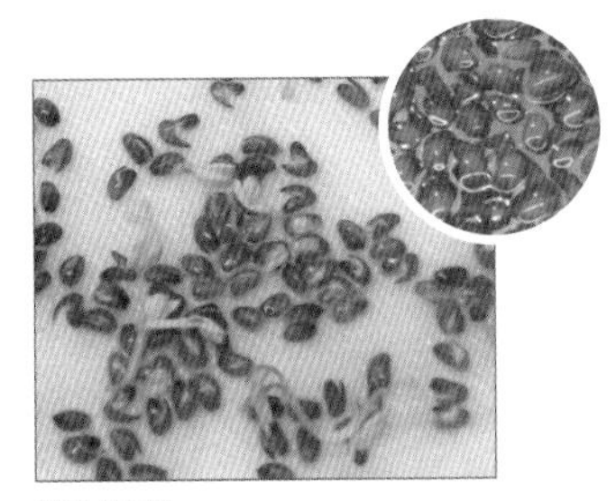

播种第3天

播种第10天——收获

Q 收获后的芽菜的种皮或黏液该怎么处理?

A 一般芽菜的使用部分为植株的整体或除去根部后的子叶与胚轴部分。收获芽菜时会发现一些没有发芽的种子、种皮，而水芹芽菜则会有黏液，最好用水洗净后再用来制作料理。

富含芦丁的荞麦芽菜

芦丁对于各种血管系统疾病的预防与治疗都有很好的疗效。荞麦芽菜中含有的芦丁是种子及果实的27倍以上。而且富含人体必需的元素氨基酸中的赖氨酸，同时钙、钾、镁等无机物及膳食纤维的含量也很高，对肥胖体质的人或患有糖尿病及血管疾病的患者有好处。种子呈黑色，生有棱角，直径约为5mm。浸水后约膨大为原来的2倍。播种3天后开始发芽，10天左右即可收获。

栽培日志	0天	1天	···	2~3天	···	6天	···	10天
	播种			发芽	接受光照	接受光照	···	收获
	芽菜大小							
				0.2cm	···	3~4cm	···	10cm

栽培信息	栽培难度	所需光量	出芽温度	适合生长的温度	收获所需时间
	★☆☆	★☆☆	25~30℃	25 ~ 30℃	10天

栽培过程

✚准备用品 荞麦芽菜种子、栽培容器、喷雾器、洗碗巾、汤匙、箔纸或布

1 将栽培容器洗净备用，将洗碗巾裁成适当大小。

2 把洗碗巾铺到栽培容器中，利用汤匙将种子铺开，注意种子之间不要重叠。

3 将喷雾器装入干净的水后进行喷水。为了避免光线进入，用箔纸或布做成的盖子盖住容器，移至阴凉处或暗处。

4 种皮之间出现白色的根时开始发芽。一天中要随时用喷雾器喷水，并确认状态。偶尔会出现因种子腐败而产生的难闻气味，因此要注意管理，防止腐烂。

5 菜芽长到一定程度后将其移至亮处，取下盖子，使其接受光照。

6 经过10天左右，菜芽长到10cm左右时即可收获。

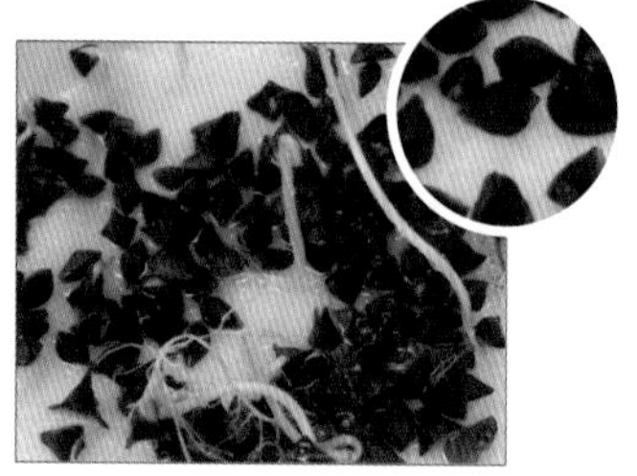

播种3天

播种第10天——收获

Q 荞麦芽菜的种皮不易脱落，有好的方法吗?

A 荞麦的种皮非常硬，长成芽菜后会出现种皮没有脱落的情况。在栽培容器的底部铺上种子以后，用间隔为2~3mm的塑料网或铁网盖在上面，这样就会只有菜芽向上生长，而种皮则会掉在网下面。

既能吃豆又能吃芽的**豌豆芽菜**

由于香气与味道好，早就在中国作为高级健康蔬菜而食用。维生素B、维生素C等非常丰富，而且富含铁、钾、膳食纤维等，有预防糖尿病的效果，并且有利于体力的恢复等。可以生吃，也可以用在沙拉、炒菜等料理中。种子的直径约为10mm，浸水后约膨大至原来的2倍。种子本来就大，浸水后膨大2倍，会变得相当大。播种2~3天后开始发芽，10天左右即可收获。

栽培日志	0天	1天	···	2~3天	···	6天	···	10天
	播种			发芽	···	接受光照	···	收获
	芽菜大小							
				0.2cm	···	3～4cm	···	10cm

栽培信息	栽培难度	所需光量	出芽温度	适合生长的温度	收获所需时间
	★★★	★☆☆	25～30℃	10～20℃	10天

栽培过程

+ 准备用品 豌豆芽菜种子、栽培容器、喷雾器、洗碗巾、汤匙、箔纸或布

1 将栽培容器洗净备用，将洗碗巾裁成合适的大小。

2 把洗碗巾放入栽培容器中，放上种子后利用汤匙将种子铺开，注意种子之间不要重叠。

3 在喷雾器装入干净的水后进行喷水。为了避免光线进入，用箔纸或布做成的盖子盖住容器，移至阴凉处或暗处。

4 一天内随时用喷雾器喷水，并确认状态。特别是在高温的夏季要及时给水，并且控水，以防止底面的积水腐败。嫩芽长到一定程度后移至亮处即可。

5 经过10天左右，菜芽长到10cm左右时即可收获。如果想食用柔嫩的菜芽，可在收获的前1天给予光照。

播种第1天

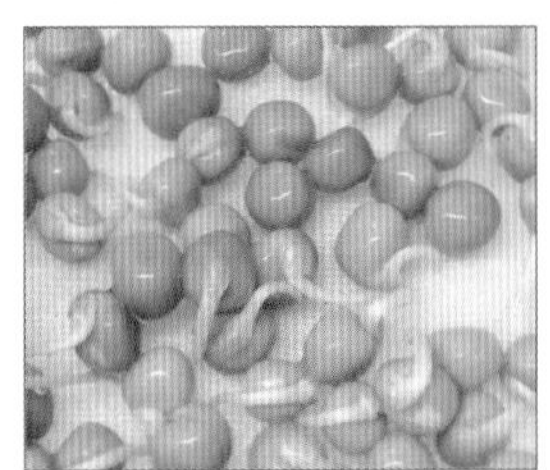

播种第3天

Q 可以用收获以后剩下的根部重新种植芽菜吗?

A 蔬菜可以食用整体植株，也可以剪掉根部后只食用上面的部分。有像韭菜这样生长点（高等植物的茎部与根部末端的分裂组织）在植株下部的作物，也有剪掉生长点后还会再长出来的作物。一般来说，生长点位于植株的上部末端，如果剪掉了这个生长点，就无法再长出新芽。一般的芽菜只能收获一次。

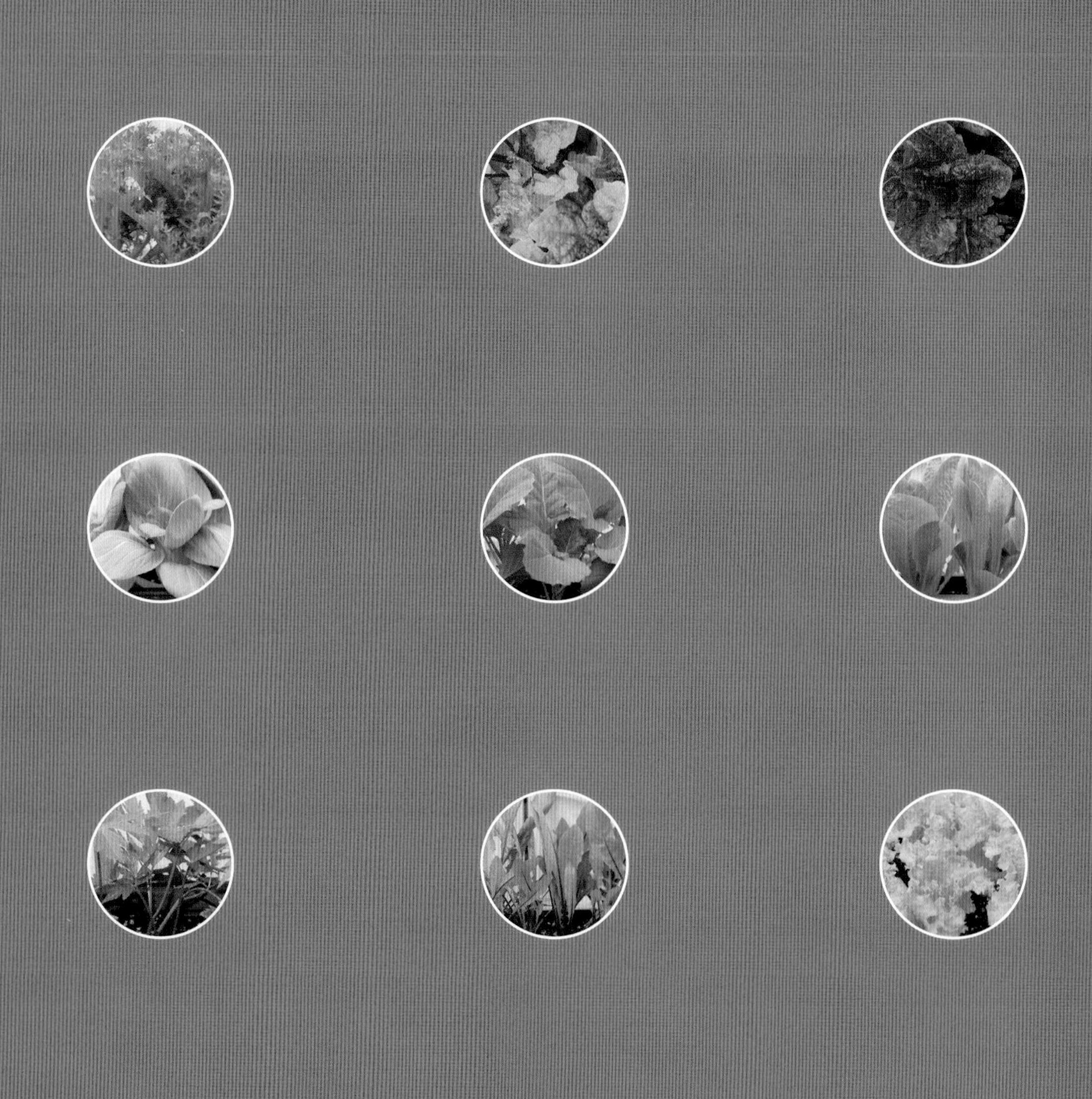

Part 3

包饭蔬菜

生菜 / 苦苣

菊苣 / 羽衣甘蓝

甘蓝 / 京水菜

芥菜 / 小白菜

油菜 / 甜菜

紫苏叶 / 日当归

包饭蔬菜的代表**生菜**

在可以自己动手种植的蔬菜中，最受人们喜爱的就是生菜。生菜中含有人体必需的铁元素与氨基酸，可以预防贫血。它含有的莴苣苦素成分可以缓解疼痛与压力，对恢复疲劳与缓解宿醉也有一定效果。碱性的生菜与肉类这样的酸性食品是很好的搭配。种植时可以在小的容器里少种上几棵，也可以在较大的栽培容器中大量种植。

◆ **种类** 裙生菜（赤色、青色）、皱叶生菜（青色、赤色）、长叶生菜（青色、赤色）、橡树叶生菜、球生菜青裙生菜等。青橡树叶生菜适合在家庭中生长

◆ **特征** 高温下容易疯长，不易栽培
在光线少的地方，赤色生菜呈翠绿色
生长速度较快，因此最好不要与其他蔬菜混合种植

分类（科名） 菊科
营养成分 维生素A、维生素B、维生素C、叶酸、锌、磷、铁
食用方法 包饭、沙拉、拌饭

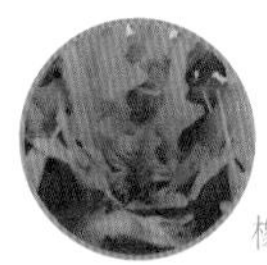
橡树叶生菜（青色）

橡树叶生菜（赤色）

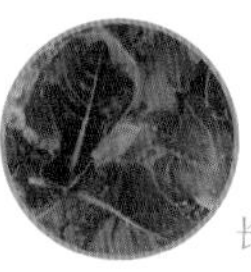
长叶生菜（赤色）

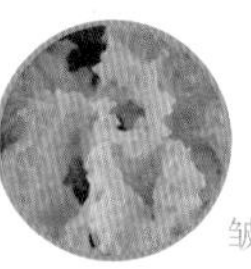
皱叶生菜（青色）

栽培信息	栽培难度	所需光照量	适合生长的温度
	★★☆	★★☆	15~23℃
	适合的容器大小	常见病虫害	收获所需时间
	深度在7cm以上	桑蓟马、美国三叶草斑潜蝇、白粉病	种子：6~8周、秧苗：2~4周

栽培时间	1月	2月	3月	4月	5月	6月	7月	8月	9月	10月	11月	12月
播种												
插秧												
收获												

栽培日志	1周	2周	3周	4周	5周	6周
	播种 发芽	主叶展开	间苗	收获 施肥		
	插秧	收获		收获 施肥		收获

栽培过程

✚ **准备用品** 生菜种子、秧苗、栽培容器、床土、洒水壶、苗铲

1A 播种

1 挖出几排间隔约为10cm，深度为5mm的用于播种的洞。

2 洞里放入2~3颗种子。生菜要有阳光才能发芽，因此轻轻盖上土即可。

3 要轻轻地洒水，防止土壤被溅起或种子被冲出来。

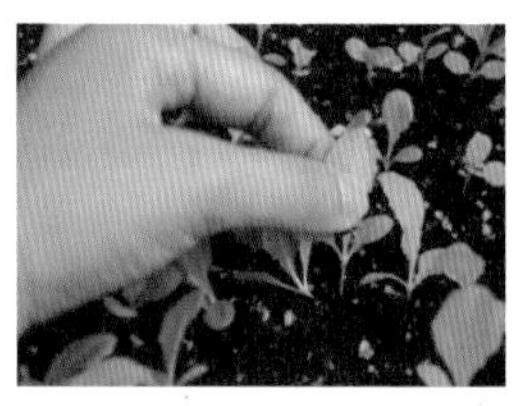
4 长出主叶后要间苗，保证一个地方只留一棵苗。拔的时候动作要轻，防止伤到其他的苗。

1B 插秧

1 洞的大小要保证能够完全放入秧苗。洞的间隔为10cm左右时比较合适。

2 放入秧苗后把洞填起来并固定好，盖土的时候动作要轻，防止伤到根毛。

3 将秧苗插满整个栽培容器。

2 管理

1 由于春季与秋季天气干燥，叶片容易出现白粉病，因此要时常浇水。

2 最好在播种或插秧约1个月后施肥。最好播撒缓效性肥料。

3 收获

1 采摘期的样子。叶片与茎部变粗，同时呈现淡绿色。

2 叶片长到手掌大小时就可以从边叶开始采摘。采摘的时候要从离茎部近的地方开始，这样可以防止叶片枯萎或生病。

3 采摘后的样子。

4 要保留3~4片内侧的小叶片（2cm以上），才能再次采摘。

Q 生菜疯长怎么办?

A 植株的大小不齐、又细又长的这种疯长现象在天气炎热以及光照不足时会更加严重。如果放任植株疯长不予管理，植株就无法正常笔直地生长，导致长势不好。这时需要将其移到外面接受适当的光照。特别是叶片比较密集的皱叶生菜和叶片比较厚实的长叶生菜，光照不足时疯长情况会很严重，因此在阳台上种植生菜的时候最好选用耐高温的裙生菜和橡树叶生菜。

Q 生菜叶子上出现花白的斑点，而且在渐渐地扩散怎么办?

A 在一张白纸上抖一抖生菜的叶子，仔细观察，会看到一些长度为2~3mm的长长的灰色的虫子在爬行。这种虫子就是桑蓟马，它吸食作物根部、花朵、叶片的津液，繁殖能力极强，在短时间内即可大量蔓延，导致作物无法收获。要周期性地使用天然杀虫剂，在发现初期就将其彻底控制。

易栽培、做法多样的**苦苣**

苦苣叶片呈锯齿状，略带苦味，有助于开胃。与生菜相比不易疯长，因此相对来说较易种植。与其他包饭蔬菜相比，苦苣病虫害较少，而且花轴不长，因此很适合初次在阳台上尝试栽培的人。苦苣又叫作“青菊苣”，虽然栽培方法和味道都与菊苣类似，但事实上两者是不同种类的蔬菜。

◆ **种类** 窄叶苦苣（叶片较窄且有褶皱）、宽叶苦苣（叶片较宽）

◆ **特征** 淡淡的苦味是苦苣的特点
能很好地适应光照少的条件，抗病虫害能力强，因此很适合在阳台上种植
夏季也比较容易发芽，而且花轴长长的抽薹现象出现得比较晚，因此适合在春、秋季持续播种及食用

分类（科名） 菊科
营养成分 钾、维生素A、维生素K
食用方法 包饭、沙拉、生拌菜

栽培信息	栽培难度	所需光照量	适合生长的温度
	★★★	★☆☆	15~23℃
	适合的容器大小	常见病虫害	收获所需时间
	深度在7cm以上	桑蓟马	种子：8~10周、秧苗：3~4周

栽培时间	栽培	1月	2月	3月	4月	5月	6月	7月	8月	9月	10月	11月	12月
	播种				■	■	■	■	■	■			
	插秧				■	■	■	■	■	■	■		
	收获				■	■	■	■	■	■	■	■	

栽培日志	1周	2周	3周	4周	5周	6周
	播种 发芽	主叶展开	间苗		施肥	收获
	插秧			收获 施肥		

栽培过程

✚ **准备用品** 苦苣种子、秧苗、栽培容器、床土、洒水壶、苗铲

1A 播种

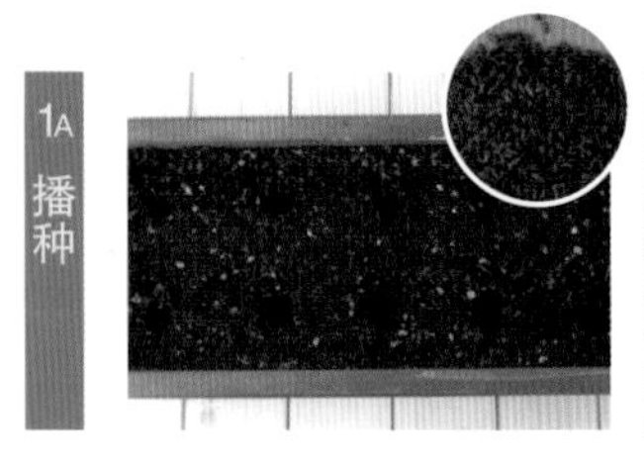

1 挖好放种子的洞。间隔约为10cm，深度约为1cm。

2 放入2~3颗种子后盖上土。苦苣种子不是需光发芽种子。

3 要轻轻地洒水，防止土壤被溅起或种子被冲出来。

4 本叶长出来以后，要对密集的地方间苗，保证一个位置只留一棵苗。间苗时要轻轻地拔，防止伤到其他苗，将苗移到空的地方。

1B 插秧

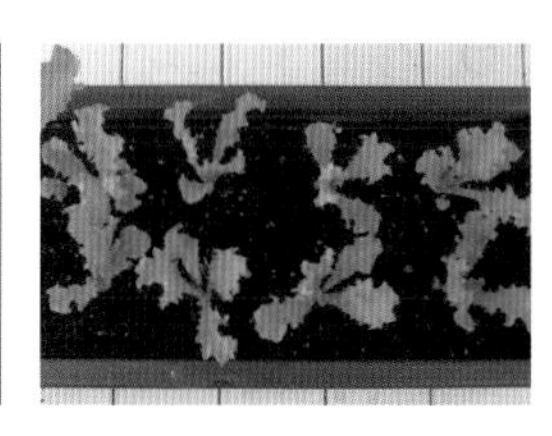

1 挖出能够放入秧苗的洞后开始插秧。间隔最好为10cm左右。

2 秧苗全部插完后要充分给水，使土壤湿润。

1 播种约1个月后的生长状态。

2 出芽后如果给水过多会导致疯长，因此只要在土壤表面干燥时浇水即可。

1 适合采摘的生长状态。

2 叶片长到手掌大小时就可以从外面的叶片开始采摘。摘的时候要从边缘部分开始。

3 要保留3~4片内侧的小叶片（2cm以上），才能再次采摘。

Q 怎么减少苦苣的苦味?

A 苦苣本身是略带苦味的，但如果叶片的颜色软白化（光照不足时，植物的光合作用不发达，导致颜色发生变化的一种疾病），则苦味会减少。部分品种会自动软白化，但也有些品种需要采取措施才可以。在采摘的1~2周前，将苦苣的叶片向上立起，从边叶的上部捆起来。这样光照就无法照射到内部，叶片褪色软化，变成黄色，苦味会减少。

颜色丰富、模样多变的**菊苣**

形态与种类多样的菊苣大致可以分为食用叶片的菊苣和食用根部的菊苣。菊苣释放苦味的成分有促进消化的作用。菊苣对所有的病虫害都有很强的抵抗力，不易疯长，因此非常适合在阳台种植。菊苣的种类非常丰富，可以各种菊苣都种一点，趣味十足。

- **种类** 红莴苣、根莴苣、红菊苣、糖莴苣、白叶莴苣
- **特征** 抗病虫害能力强，适合栽培
  种植方法与苦苣相同。特别是叶片为红色的红菊苣，在阴凉的环境中红色会变深
  花轴在低温（5~10℃）中暴露一定时间（3~16周）后会随昼长的变长而长长，不同的品种不尽相同

分类（科名） 菊科
营养成分 维生素A、钾
食用方法 包饭、沙拉

栽培信息	栽培难度	所需光照量	适合生长的温度
	★★★	★☆☆	15~23℃
	适合的容器大小	常见病虫害	收获所需时间
	深度在7cm以上	桑蓟马	种子：6~8周、秧苗：3~4周

栽培时间	栽培	1月	2月	3月	4月	5月	6月	7月	8月	9月	10月	11月	12月
	播种												
	插秧												
	收获												

栽培日志	1周	2周	3周	4周	5周	6周
	播种 发芽	主叶展开	间苗		施肥	收获
	插秧			收获 施肥		

栽培过程

准备用品 苦苣种子、秧苗、栽培容器、床土、洒水壶、苗铲

1A 播种

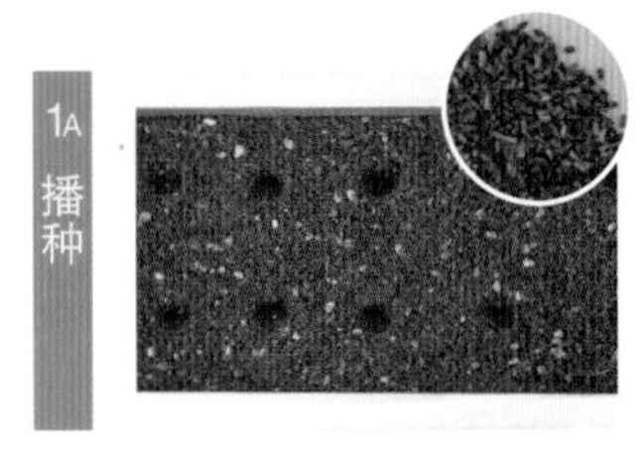

1 在栽培容器中挖出能放入种子的洞。间隔约为10cm，深度约为1cm。

2 每个洞放入2~3颗种子。

3 浇水的时候动作要轻，防止泥土溅出。长出本叶后要间苗，保证一个位置只留一棵苗。

1B 插秧

1 将土壤均匀地填入栽培容器中。

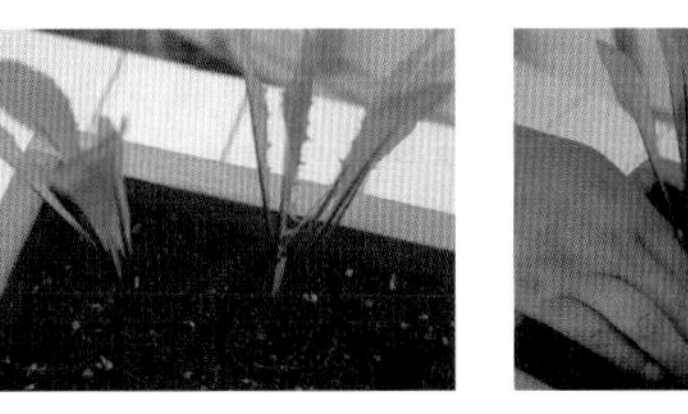

2 洞的大小要确保能放入秧苗。相对于其他莴苣类来说，红菊苣占用的面积最小，间隔8cm左右即可。

3 插好秧苗以后用周围的土将苗与洞之间的空隙轻轻地填起来。

2 管理

1 出芽后要经常给水，防止土壤表面变干。生长速度缓慢时要播撒肥料，补充养分。

3 收获

1 适合采摘的生长状态。

2 叶片长到手掌大小时即可从边叶开始依次采摘。要保留3~4片内侧的小叶片（2cm以上），才能再次采摘。可以整体采摘，也可以将边叶一片一片地摘下。

Q 菊苣的种类都有哪些？

A 菊苣的种类中有叶轴为红色的红菊苣，也有像白菜一样有很多层重叠在一起的球形的菊苣，还有叶片较宽，类似白菜的糖莴苣，以及从菊苣根部长出的现已商品化的根芽等。

寒冷中的营养源**羽衣甘蓝**

羽衣甘蓝不仅有着神秘的绿色，而且圆滚滚的模样和厚厚的叶子使其具有很好的观赏价值。羽衣甘蓝又被叫作“绿叶甘蓝”，从大的范畴来讲，它属于叶类卷心菜，含有大量的叶酸与铁元素，对贫血很有效果。钙的含量约为牛奶的3倍以上，对预防骨质疏松有卓越的效果。羽衣甘蓝可以用来包饭吃，也可以用来给沙拉增添色彩。能采摘的时间比生菜还要长，被称为阳台的守护使者。

◆ **种类** 卷叶羽衣甘蓝、花羽衣甘蓝

◆ **特征** 与其他十字花科蔬菜相比它有更强的抗病虫害能力

在卷心菜类中它的抗寒能力最强。在寒冷的时节里能给人一种收获的富足感

羽衣甘蓝的种子暴露在高温下时花轴会长长，因此出现花轴时必须要降低温度

分类（科名） 十字花科

营养成分 维生素C、β-胡萝卜素、钙、磷、铁、叶黄素、萝卜硫素

食用方法 果汁、包饭、沙拉、炒菜

栽培信息	栽培难度	所需光照量	适合生长的温度
	★★★	★★☆	15~23℃
	适合的容器大小	常见病虫害	收获所需时间
	深度在7cm以上	潜叶虫、白粉蝶、小菜蛾	种子：6~8周、秧苗：4~5周

栽培时间	栽培	1月	2月	3月	4月	5月	6月	7月	8月	9月	10月	11月	12月
	播种												
	插秧												
	收获												

栽培日志	1周	2周	3周	4周	5周	6周
	播种 发芽	主叶展开 间苗	间苗		施肥	收获
	插秧			收获 施肥		

栽培过程

✚ **准备用品** 羽衣甘蓝种子、秧苗、栽培容器、床土、洒水壶、苗铲

1 挖好放种子的小洞，四周间隔约为10cm，深度约为1cm。

2 在洞里放入2~3颗种子，用土将洞填起来。

3 出芽前要一直浇水，防止土壤干燥。

4 出芽后按照7~10cm的间隔进行间苗。间苗时要小心地拔出，防止伤到其他苗。

1B 插秧

1 挖出足够放入秧苗的洞以后，插入秧苗。间隔最好为10cm左右。

2 放入秧苗，用周围的土把秧苗和洞之间的空隙填起来。

2 管理

1 播种后到出芽之前，以及插秧后到生根为止，每隔1~2天就要浇一次水，防止干枯。

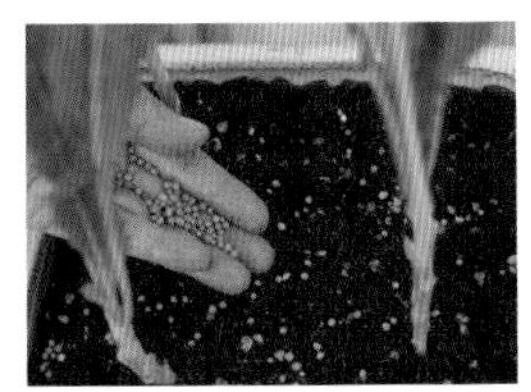

2 最好在播种或插秧约1个月后施肥。将缓效性肥料均匀地撒在土壤表面。

3 收获

1 适合采摘的生长状态。叶片表面粗糙，内面柔软。

2 从外侧的叶片开始采摘。

3 采摘下的羽衣甘蓝叶片。

4 如果连内侧的嫩叶也一起摘下，会导致植株变弱。当因茎部变长而出现晃动时，可以用木筷加以固定。

Q 怎样食用羽衣甘蓝？

A 羽衣甘蓝主要用于包饭食用，但由于其颜色及模样非常适合增加沙拉的品相，因此也用于沙拉。放入少量的盐，用热水焯过后拌料吃也很美味。羽衣甘蓝在中国料理中的使用非常广泛，可以焯一下凉拌后食用，也可以用来炒菜、焖菜、做汤等。

菜汁的代名词**甘蓝**

羽衣甘蓝和甘蓝同属一类，在形态和栽培环境等方面非常相似。羽衣甘蓝的叶子较窄且有褶皱，甘蓝的叶子则较宽、较圆且舒展，这是它们各自的特点。甘蓝中富含钙、钾等矿物质，特别是钙的含量是牛奶的3倍。甘蓝的大叶片的叶轴可以用来做菜汁，小的叶子则适合用来包饭。直到秋季上冻以前都可以采摘，是一种抗寒能力很强的蔬菜。

◆ **特征** 耐寒以及耐热能力强，属于卷心菜的一种。抗病虫害能力强，属于较易栽培的种类

叶片与茎都长得较大，如果想用于包饭，最好在还比较嫩的时候采摘

分类（科名） 十字花科

营养成分 维生素A、β-胡萝卜素、膳食纤维、磷、钾、钙

食用方法 果汁、包饭、沙拉

栽培信息	栽培难度	所需光照量	适合生长的温度
	★★☆	★★★	15~23℃
	适合的容器大小	常见病虫害	收获所需时间
	深度在7cm以上	蚜虫、跳蚤叶甲虫、白粉蝶、小菜蛾	种子：6~8周、秧苗：3~4周

栽培时间	栽培	1月	2月	3月	4月	5月	6月	7月	8月	9月	10月	11月	12月
	播种												
	插秧												
	收获												

栽培日志	1周	2周	3周	4周	5周	6周
	播种 发芽	主叶展开 间苗	间苗		施肥	收获
	插秧			收获 施肥		

栽培过程

准备用品 甘蓝种子、秧苗、栽培容器、床土、洒水壶、苗铲

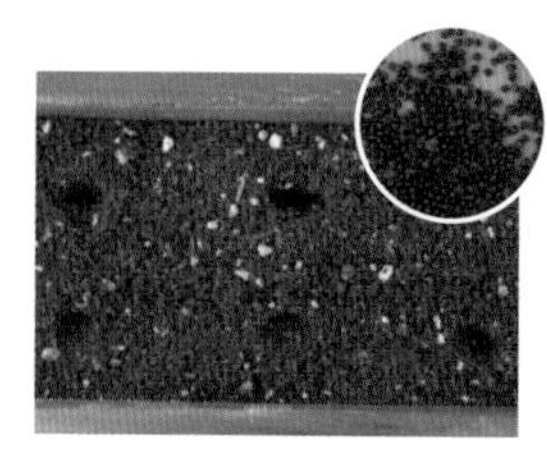

1 挖好放种子的洞，间隔约为15cm，深度约为1cm。

2 每个洞内放入2~3颗种子。

3 用土轻轻地将种子完全覆盖。

4 出芽前要经常浇水，防止土壤干燥。

1B 插秧

1 洞的大小要能足够放入秧苗。洞的间隔最好在15cm左右。

2 放入秧苗后用床土将上面的部分盖好。

3 确认秧苗的生长状态并予以间苗，扩大植株之间的间隔。

2 管理

1 播种后到出芽前，或插秧后到生根前，每隔1~2天就要浇一次水。最好在播种或插秧约1个月后施肥。

3 收获

1 适合采摘的生长状态。因为叶片不会长得很大，所以适合制作沙拉。

2 叶片长到手掌大小时从边叶开始采摘。要保留3~4片内侧的小叶片（2cm以上），才能再次采摘。

Q 羽衣甘蓝和甘蓝的区别是什么？

A 羽衣甘蓝和甘蓝属于同一种类，而且非常相似。不同的是，羽衣甘蓝的叶片生有褶皱，叶轴不会长到60cm以上。甘蓝则有“不屈的卷心菜”之称，在田里最高能长到90cm。与羽衣甘蓝相比，甘蓝的叶轴要更大，而且更柔软，叶片为圆形。

爽脆紧实的**京水菜**

京水菜的特点是茎是白色的，叶片细长呈锯齿状。在中国及日本的使用非常广泛，是一种东方蔬菜。在韩国主要作为包饭蔬菜或沙拉蔬菜。京水菜略带辣味，咀嚼时爽脆紧实，口感一流。京水菜特有的香气可以去除肉类的腥味儿，因此常用在鸭肉或海蛎子等肉类和海产品料理中。

◆ **种类** 青色、赤色

◆ **特征** 叶片数量最多可达600~1000片
适合在多种环境下生长，非常容易种植
耐高温、耐低温，但夏季要特别注意虫害管理

分类（科名） 十字花科
营养成分 维生素A、维生素C、铁、钙、膳食纤维
食用方法 沙拉、包饭、炖、炒

栽培信息	栽培难度	所需光照量	适合生长的温度
	★★★	★★☆	15~23℃
	适合的容器大小	常见病虫害	收获所需时间
	深度在7cm以上	潜叶虫、白粉蝶、小菜蛾	种子：6~8周、秧苗：3~4周

栽培时间	栽培	1月	2月	3月	4月	5月	6月	7月	8月	9月	10月	11月	12月
	播种												
	插秧												
	收获												

栽培日志	1周	2周	3周	4周	5周	6周
	播种 发芽	主叶展开 间苗	间苗		施肥	收获
	插秧			收获 施肥		

栽培过程

✚ **准备用品** 京水菜种子、秧苗、栽培容器、床土、洒水壶、苗铲

1 挖好放种子的洞，四周间隔约为10cm，深度约为1cm。如果要使用嫩叶，种子可以撒得密集些，之后再按1~2cm的间隔间苗。

2 将1~2颗种子放入洞里后盖上土。

3 充分给水，使土壤表面保持湿润。

4 出芽后按7~10cm的间隔进行间苗，间出的苗可作为嫩叶蔬菜使用。

1B 插秧

1 洞的大小要足够放入秧苗，间隔最好为10cm左右。

2 把秧苗放入洞中，盖上一层厚厚的土。

2 管理

1 京水菜喜欢潮湿、肥沃的土壤，因此要充分浇水，防止土壤变干。

2 最好在播种或插秧1个月左右后施肥。将缓效性肥料轻轻撒在土壤表面即可。

3 收获

1 适合采摘的生长状态。

2 从边叶开始依次采摘。可以一片一片地采摘，也可以整棵采摘。由于纤维质较多，可以使用剪刀进行采摘。

Q 京水菜是韩国的蔬菜吗?

A 京水菜自古就在日本有所种植，不用施肥，只需水分和土壤就可以栽培得很好，因此被赋予了“京水菜”的名称。在日本被叫作“Kyona”或者“Mizuna”。在中国及日本多用于沙拉、炒菜以及蒸菜。烹饪后体积会缩小为原来的一半，因此单独使用时需要的量较大。

以辣开胃的芥菜

芥菜中含有大量的维生素A和维生素C，有很好的解毒效果。强烈的辣味是芥菜的一大特点。味道与芥末类似，因此可用作包饭、拌菜、沙拉。由于芥菜的味道很重，想要使用味道较淡的芥菜时，可以摘取长得比较嫩的叶片。

◆ **种类** 青色、赤色

◆ **特征** 耐高温。但作为十字花科蔬菜的一种，在夏季要注意虫害的管理
光照弱时，叶子的宽度会明显变窄

分类（科名） 十字花科
营养成分 维生素C、铁、钙
食用方法 包饭、沙拉、火锅

栽培信息	栽培难度	所需光照量	适合生长的温度
	★★☆	★★★	15~23℃
	适合的容器大小	常见病虫害	收获所需时间
	深度在7cm以上	跳蚤叶甲虫、白粉蝶、小菜蛾	种子：6~10周、秧苗：3~4周

栽培时间	1月	2月	3月	4月	5月	6月	7月	8月	9月	10月	11月	12月
播种												
插秧												
收获												

栽培日志	1周	2周	3周	4周	5周	6周
	播种 发芽	主叶展开 间苗	间苗		施肥	收获
	插秧			收获 施肥		

栽培过程

准备用品 芥菜种子、秧苗、栽培容器、床土、洒水壶、苗铲

1A 播种

1 挖好放种子的洞，四周间隔约为10cm，深度约为1cm。

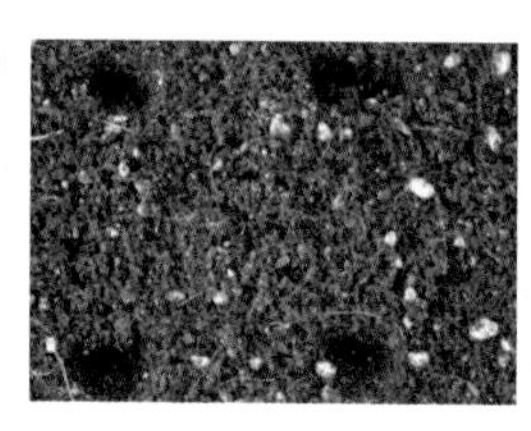

2 洞里放入2~3颗种子。

3 给足水分，使土壤足够湿润。

4 在出芽后，长出3~4片主叶前要间苗，扩大植株之间的间隔。

1B 插秧

1 估计一下放入秧苗所需的洞的大小，洞要挖得足够大。四周间隔约为10cm。

2 在洞里插入秧苗。

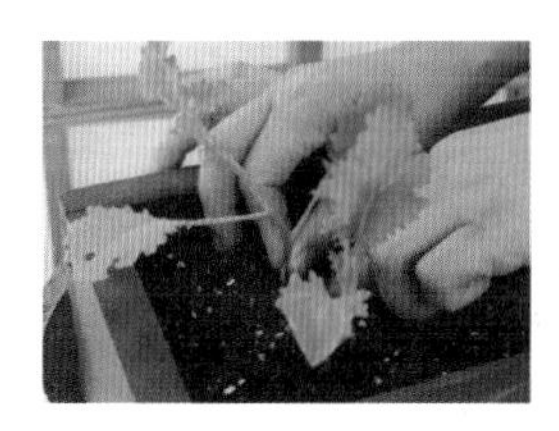
3 秧苗插好后盖上土。

2 管理

1 播种后到出芽前，以及插秧后到生根前，要做好水分的管理，防止干枯。

2 最好在播种或插秧1个月左右后施肥。播撒缓效性肥料。

3 收获

1 长出8~10片的叶片后就可以采摘了。

2 从外面的叶片开始采摘。如果保留3~4片内侧的小叶片（2cm以上），则可以再次采摘。

Q 为什么芥菜的叶片好像格外窄，而且很脆弱？

A 芥菜属于需要阳光较多的蔬菜。如果光照较少，则叶片之间的节会变长，而且叶片会变窄。下胚轴（从子叶到生根的部位）变长导致植株歪倒时，要用床土将上部稍微盖一下，把芥菜重新立起来。天气好的时候可以将芥菜放到窗户外面，或打开窗户让更多的光线照射进来，这样有助于芥菜的茁壮生长。

水分丰富、诱人的**小白菜**

小白菜是一种非常适合炒菜的中国蔬菜，水分丰富，而且有甜味，因此深受儿童喜爱。味道爽口，适合制作包饭或沙拉；叶片厚实，与肉类或蘑菇一起炒，风味很好。体热或牙床出血的人适合食用小白菜。小白菜采摘时可以取整棵，也可以和生菜一样，从边叶开始采摘，并可以持续采摘。

◆ 种类 青色、赤色

◆ 特征 小白菜出现疯长现象时，要将其放到外面接受光照
当小白菜处在12~13℃以下的温度中，满足长日照的条件时就会开花，因此，春季播种时要保证温度在13~14℃以上，防止花芽分化

分类（科名） 十字花科
营养成分 维生素A、维生素C、钙、钾
食用方法 包饭、沙拉、炒菜、汤

栽培信息	栽培难度	所需光照量	适合生长的温度
	★★☆	★★★	15~23℃
	适合的容器大小	常见病虫害	收获所需时间
	深度在7cm以上	蚜虫、跳蚤叶甲虫、小菜蛾	种子：6~10周、秧苗：3~4周

栽培时间	栽培	1月	2月	3月	4月	5月	6月	7月	8月	9月	10月	11月	12月
	播种												
	插秧												
	收获												

栽培日志	1周	2周	3周	4周	5周	6周
	播种 发芽	主叶展开 间苗	间苗		施肥	收获
	插秧			收获 施肥		

栽培过程

✚ **准备用品** 小白菜种子、秧苗、栽培容器、床土、洒水壶、苗铲

1A 播种

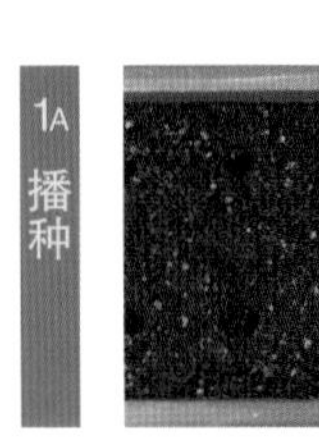

1 挖出深度约为1cm的种洞。

2 洞内放入2~3颗种子后盖上土。

3 浇水以保证土壤表面湿润。

4 出芽后要间苗，逐渐扩大植株间的间隔。

1B 插秧

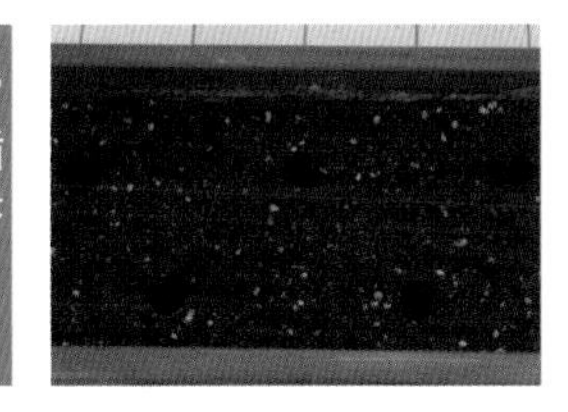

1 挖出能放入秧苗的洞。

2 把秧苗对准苗洞后插入。四周间隔约为10cm。

3 放入秧苗后填土。

4 栽培容器内要种满秧苗。种得密集一些，以后再间出来使用也可以。

2 管理

1 如果叶片上出现小孔，要立刻查看叶片的背面，清除害虫。

2 要做好管理，保证在天气干燥时叶片不会干枯，在梅雨季节不会太潮湿。播种或插秧约1个月后施肥。

3 收获

1 适合采摘的生长状态。

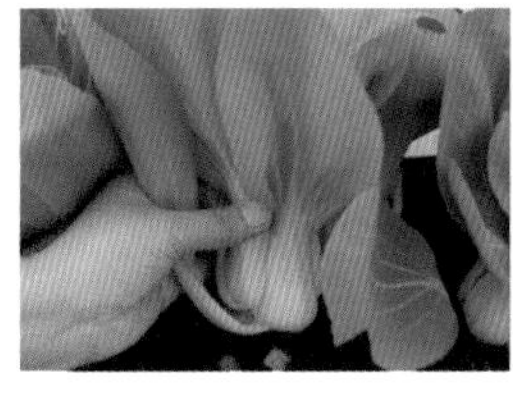

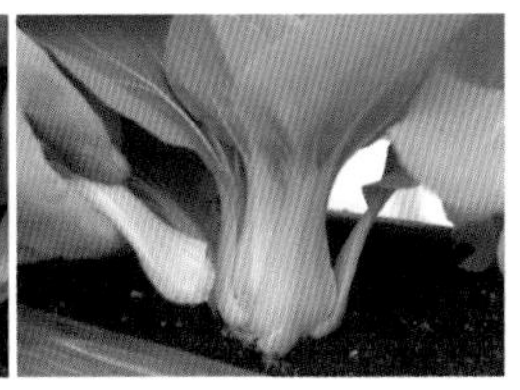

2 如果要整株采摘，则可从底部整体剪断。如果要单片采摘，则可从边叶开始一片片地采摘，并且保留内侧的叶子。保留的叶片会重新生长，可以再次采摘。

Q 小白菜长出花骨朵时该怎么办？

A 如果在春季种植小白菜，那么常常会出现叶片内侧生出花骨朵、花轴长长或开花的情况。温度低时才会出现花轴。如果长出了花朵，养分会大量地流向花朵，因此看到花轴时要立刻除去。

Q 叶片内部非常拥挤并且变成褐色的原因是什么？

A 在高温、高湿的夏季，植株内部的水分会流失，叶片无法正常发挥其功能而出现这种症状。此时，要开窗保证通风，并且及时摘下较大的叶片。

味道清淡的**油菜**

油菜的叶片呈深绿色，而且叶片厚实，甜味绝佳。其中的维生素含量非常丰富，因此又被叫作“维生素菜”。即使是在阳台上种植，也不常出现疯长的情况。而且耐寒耐热能力强，长得很好。汤匙状的叶片不会长很大，因此在小箱子里种植会别有一番趣味。胡萝卜素的含量是菠菜的2倍以上，摄入100g油菜就可以满足每日所需摄入量的80%。

◆ **种类** 青色、赤色、油白菜（油菜与小白菜的杂交品种）

◆ **特征** 抗寒及耐热能力强，栽培范围非常广

在寒冷的环境下油菜的味道会更好。由于纤维质较少，咀嚼时口感很好，煮的时候不易烂

分类（科名） 十字花科

营养成分 维生素A、维生素B_2、维生素C、钙、磷、钾

食用方法 包饭、沙拉、涮锅、炒菜

栽培信息	栽培难度	所需光照量	适合生长的温度
	★★★	★☆☆	15~20℃
	适合的容器大小	常见病虫害	收获所需时间
	深度在7cm以上	蚜虫、跳蚤叶甲虫、小菜蛾	种子：6~8周、秧苗：4~5周

栽培时间	栽培	1月	2月	3月	4月	5月	6月	7月	8月	9月	10月	11月	12月
	播种												
	插秧												
	收获												

栽培日志	1周	2周	3周	4周	5周	6周
	播种 发芽	主叶展开 间苗	间苗		施肥	收获
	插秧			收获 施肥		

栽培过程

准备用品 油菜种子、秧苗、栽培容器、床土、洒水壶、苗铲

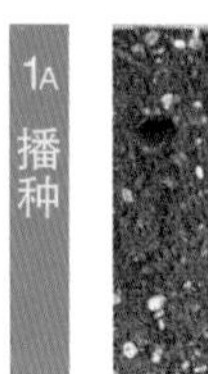

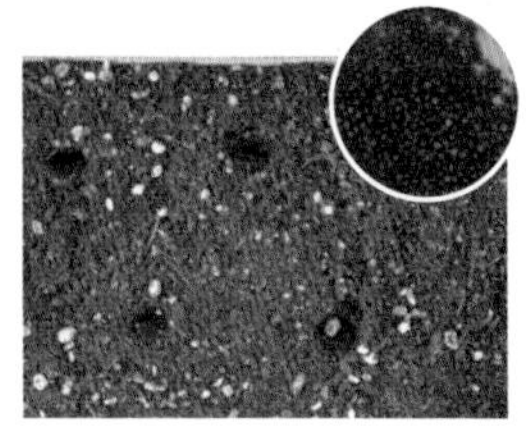

1 挖好放种子的洞，四周约为10cm，深度为约5mm。

2 洞内放入2~3颗种子后轻轻地盖上土。

3 经常给水，防止土壤变干。

4 间苗，保证一个位置只留一棵苗。长出3~4片主叶后再间一次苗，扩大植株间的间隔。

1B 插秧

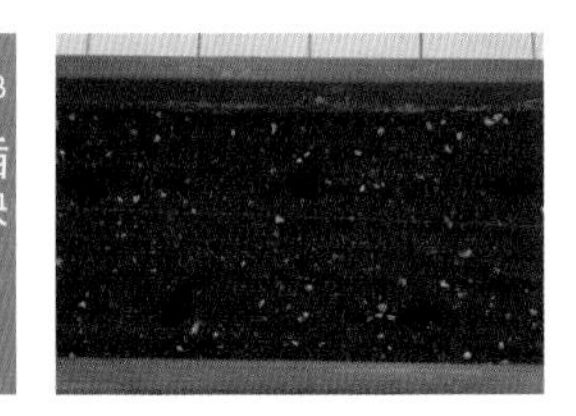
1 挖出放入秧苗的洞。

2 放入秧苗时要注意，不要伤到根部。最好间隔10cm左右。

3 插秧后为防止秧苗歪倒，要盖上土壤。

2 管理

1 播种后到出芽前，以及插秧后到生根前，要充分给水，防止干燥。

2 收获后播撒缓效性肥料。缓效性肥料的效果可以持续数月，因此在栽培期间只需施肥一次即可。

3 收获

1 播种后约45天或插秧后约30天就可以长到适合采摘的状态。

2 可以从底部剪断，摘取整个植株。

3 也可以从边叶开始单片采摘。由于含有纤维质，因此使用剪刀采摘会比较方便。

4 采摘后的样子。

Q 出现蚜虫时该怎么处理？

A 虽然油菜非常易于在阳台上种植，但偶尔会出现蚜虫。蚜虫会吸取花瓣或蔬菜叶片的津液，导致叶子无法正常生长，因此在初期，一经发现就要立刻清除。如果蚜虫较多，可以使用卵黄油（1匙蛋黄酱与0.5L水混合）喷洒，或者把栽培容器放在水中浸泡半天左右。

显眼的红色**甜菜**

甜菜的叶轴及叶脉呈现红色，对生长期的儿童很有益，也有助于女性美容，因此深受喜爱。甜菜喜欢阴凉的气候，属于喜冷性蔬菜，但也有很强的耐热性，病虫害较少，易于种植。甜菜主要用来做包饭或沙拉，还可以作为造景植物。

◆ **特征** 受温度的影响较小，因此可以随时播种
春季与秋季叶片数量会变多
包饭用的叶片长到15~18cm时即可采摘
如果采摘的时间太晚，叶片会长得过大，而且发硬，口味变差

分类（科名） 藜科
营养成分 维生素A、维生素B_2、维生素C、维生素K、钙、铁、钾
食用方法 包饭、沙拉、拌菜、炖菜

	栽培难度	所需光照量	适合生长的温度
栽培信息	★★★	★★★	15~23℃
	适合的容器大小	常见病虫害	收获所需时间
	深度在7cm以上	蚜虫、甜菜夜蛾	种子：6~10周、秧苗：3~4周

栽培时间	1月	2月	3月	4月	5月	6月	7月	8月	9月	10月	11月	12月
播种												
插秧												
收获												

栽培日志	1周	2周	3周	4周	5周	6周
	播种 发芽	主叶展开 间苗	间苗		施肥	收获
	插秧			收获 施肥		

栽培过程

✚ **准备用品** 甜菜种子、秧苗、栽培容器、床土、洒水壶、苗铲

1 由于甜菜种子要比其他蔬菜的种子大，因此放种子的洞要挖到深度为2.5cm左右。

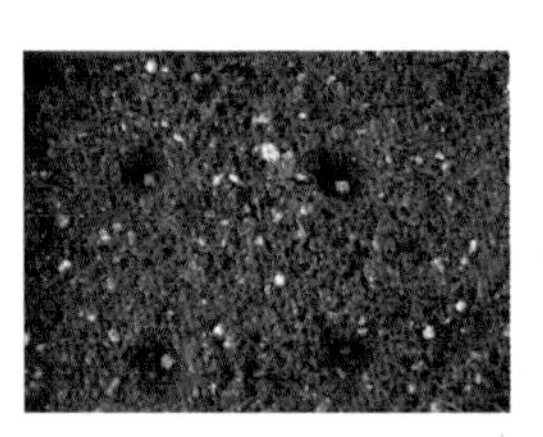

2 在洞里放入1~2颗种子。

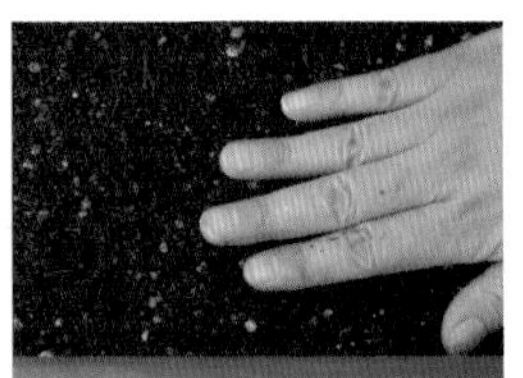

3 盖上土，不要有露在外面的种子。

4 使用洒水壶给水，每天1~2次。

1B 插秧

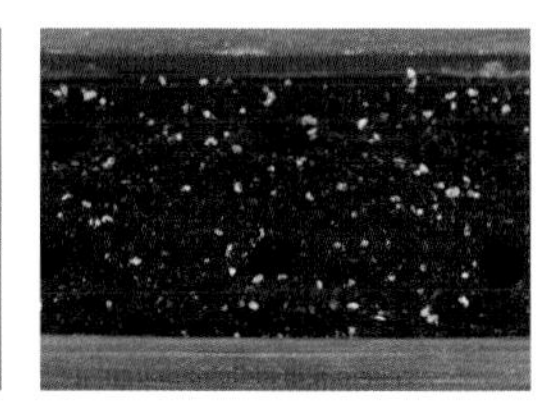
1 洞的大小要足够放入秧苗。

2 插秧间隔为10cm左右。

3 盖上厚厚的一层土，防止秧苗歪倒。

4 插秧后的样子。

2 管理

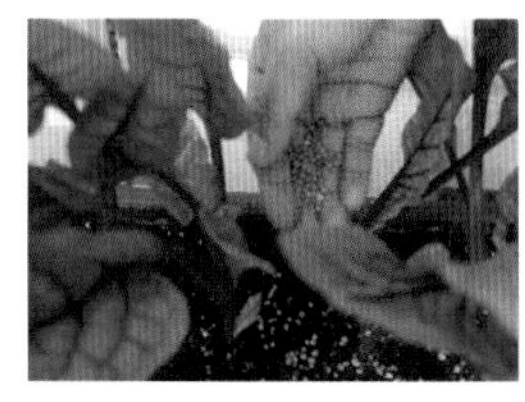
1 要充分给水，防止水分不足。虽然不易出现病虫害，但在栽培期间要用一次缓效性肥料。

2 甜菜从子叶到生根的部位较长，因此容易在生长时歪倒。歪倒时要将其扶正，用土一直盖到子叶的下部。

3 收获

1 当叶片长度到达10cm以上时，就可以开始采摘了。超过了采摘期，叶片会变长，而且向内侧卷曲。因此，尽量不要错过采摘期。

2 采摘甜菜时一般采用单片采摘的方式。

Q 怎么食用甜菜较好?

A 甜菜一般用来做包饭或沙拉。由于颜色鲜艳，很适合用在沙拉、拌饭或拌面等料理中。叶片较厚，炒后食用也很好，常见于中国菜。

包饭中必不可少的清香**紫苏叶**

紫苏叶味道清香，不仅用于包饭，还可以用在拌饭、紫菜包饭、盖饭、炸菜、酱菜等各种料理中。紫苏叶是韩国与中国比较独特的蔬菜，而且在瘠薄地或酸性土壤等不良环境中也能生长得很好。在阳台上种植时生长会比较缓慢，因此可以种密集一些，一边间苗一边食用。

◆ **种类** 绿色、赤色（叶片背面为赤色）

◆ **特征** 适合生长的温度为20℃左右，喜好阴凉的环境，与干燥环境相比更喜好潮湿的环境

紫苏叶属于短日照植物，在日长不足14~15小时时会开花。主要在9月开花

有早熟种（开花时期：9月上旬）和晚熟种（开花时期：9月下旬）

分类（科名） 唇形科

营养成分 维生素A、维生素C、钙、钾、镁

食用方法 包饭、拌饭、拌菜、酱菜、炸菜

栽培信息	栽培难度	所需光照量	适合生长的温度
	★★☆	★★☆	20~30℃
	适合的容器大小	常见病虫害	收获所需时间
	深度在7cm以上	螨虫、蚜虫、斜纹夜蛾	种子：6~8周、秧苗：3~4周

栽培时间	栽培	1月	2月	3月	4月	5月	6月	7月	8月	9月	10月	11月	12月
	播种												
	插秧												
	收获												

栽培日志	1周	2周	3周	4周	5周	6周
	播种 发芽	间苗 主叶展开			收获	施肥
	插秧		收获		施肥	

栽培过程

✚ **准备用品** 紫苏叶种子、秧苗、栽培容器、床土、洒水壶、苗铲

1 挖好放种子的洞，间隔约为10cm，深度约为1cm。剩余的种子密封后进行冷冻保管。

2 洞里放入2~3颗种子。

3 盖土盖得过厚会导致出芽晚，因此要尽可能盖得薄一些。

4 生长1个月左右后的样子。间苗时要小心，不要伤到根部。

1B 插秧

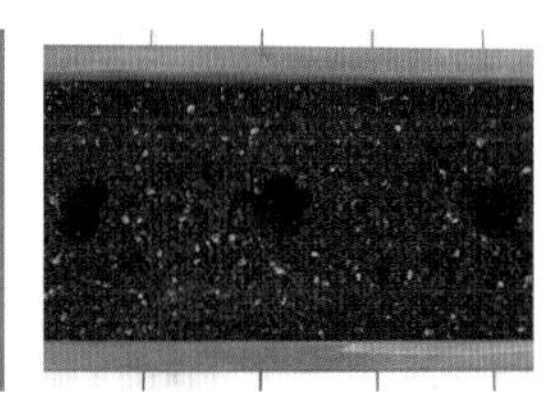

1 挖出四周间隔20cm，深为15mm的洞。

2 插秧后盖上土。插秧约15天后的生长状态。

2 管理

1 紫苏叶属于夏季蔬菜，要注意给水，避免过于潮湿。

2 如果生长速度较慢，可以轻轻地撒上缓效性肥料。土壤过于潮湿或肥沃的话，容易出现疯长现象。

3 收获

1 叶片长度达7~10cm时是采摘的最佳时机。

2 从下面的叶片开始向上采摘。

3 一次性全部采摘会导致植株变弱，因此要一直保留上面的2~4片叶子，采摘下面的叶子。

Q 如果紫苏叶开花了，收获会变困难吗？

A 紫苏叶一旦开花就不会再长出新的叶片，到了日长变短的9月中旬就会开花并且结出种子。那么叶子就不会再生长，收获也就会变得困难。如果不想让紫苏叶开花，可以照射16小时左右的光线。如果想长时间采收紫苏叶，可以从8月20日左右起在晚上对其进行补光，会有所帮助。同时最好选用开花晚的晚熟种。

香气好、功能多的日当归

当归泛着紫色的翠绿色叶片中含有独特的香气，是包饭蔬菜中最高级的蔬菜。人们在研究将中药材作为蔬菜时发现了当归的嫩叶。当归富含的矿物质有清洁血液的作用，对女性疾病也特别有效。在韩国，当归分为朝鲜当归和日当归两种，绿色茎、香气浓厚的朝鲜当归主要用作药材，紫红色茎的日当归不仅作为药材使用，还被广泛地用于料理中。日当归的根部最初是作为草药使用的，因此最好在阴凉的气候条件下种植。

◆ **特征** 喜好温差较大的天气，在夏季繁育变慢

当归是2年生的耐寒性植物，在7~8月开花。花朵长在花轴末端，白色中带有浅浅的草绿色

当归的整个植株的所有部位都带有香气

分类（科名） 伞形科

营养成分 维生素A、维生素B_2、维生素C、维生素K、钙、铁、钾

食用方法 包饭、沙拉、凉拌、炖菜

栽培信息	栽培难度	所需光照量	适合生长的温度
	★★☆	★★★	15~23℃
	适合的容器大小	常见病虫害	收获所需时间
	深度在15cm以上	螨虫	秧苗：6~8周

栽培时间	栽培	1月	2月	3月	4月	5月	6月	7月	8月	9月	10月	11月	12月
	插秧												
	收获												

栽培日志	1周	2周	3周	4周	5周	6周
	插秧					收获

栽培过程

✚ **准备用品** 日当归秧苗、栽培容器、床土、洒水壶、苗铲

1 日当归种子发芽需要16～18天的时间，而且发芽率低，因此最好使用秧苗。

2 在栽培容器中放入床土后栽培秧苗。

3 一边旋转育苗器的下部，一边轻轻地按压，取出秧苗。

4 挖好洞后插入秧苗。

2 管理

1 日当归喜好保水性好的土壤，因此要充分给水，保证土壤完全湿透。

2 插秧约1个月后的样子。日当归在初期的生长速度较慢。

3 初期养分过多会导致花轴过长，因此要先确认状态，然后施肥。

3 收获

1 采摘时从边叶开始采摘。

2 内侧嫩小的叶片长大后还可以再次采摘。

Q 日当归有哪些功效？

A 日当归是一种能够生成血液的代表性的补血剂，多用于贫血以及女性疾病的治疗，主要将根部作为药材使用。其保湿效果能够抑制皮肤老化。如果要用其根部，最好在播种后的第二年采摘。花轴从春天开始长长，出现花轴以后根部就会因木质化（植物的细胞壁上的一种叫作木质素的物质积累后，使其变得像树木一样坚硬的现象）而无法使用。因此要在长出花轴前的早春时节，在发出新芽之前采摘。1年后可以用采摘的根部煮茶代替饮料，或者放入清炖鸡汤中食用。

Q 如果要用日当归的种子种植该怎么做？

A 日当归的种子在播种后需要较长的时间发芽。春天播种不如秋天播种好。干种子直接种植很难发芽，因此最好将附着在种皮上的抑制发芽的物质去掉以后再种。在流水中浸泡3天以上，去掉包裹在种子上的抑制发芽的物质，然后与细沙混合，并保证其潮湿，在7天内播种。播种后，床土盖得太厚会导致种子无法正常发芽，因此要盖得非常薄。

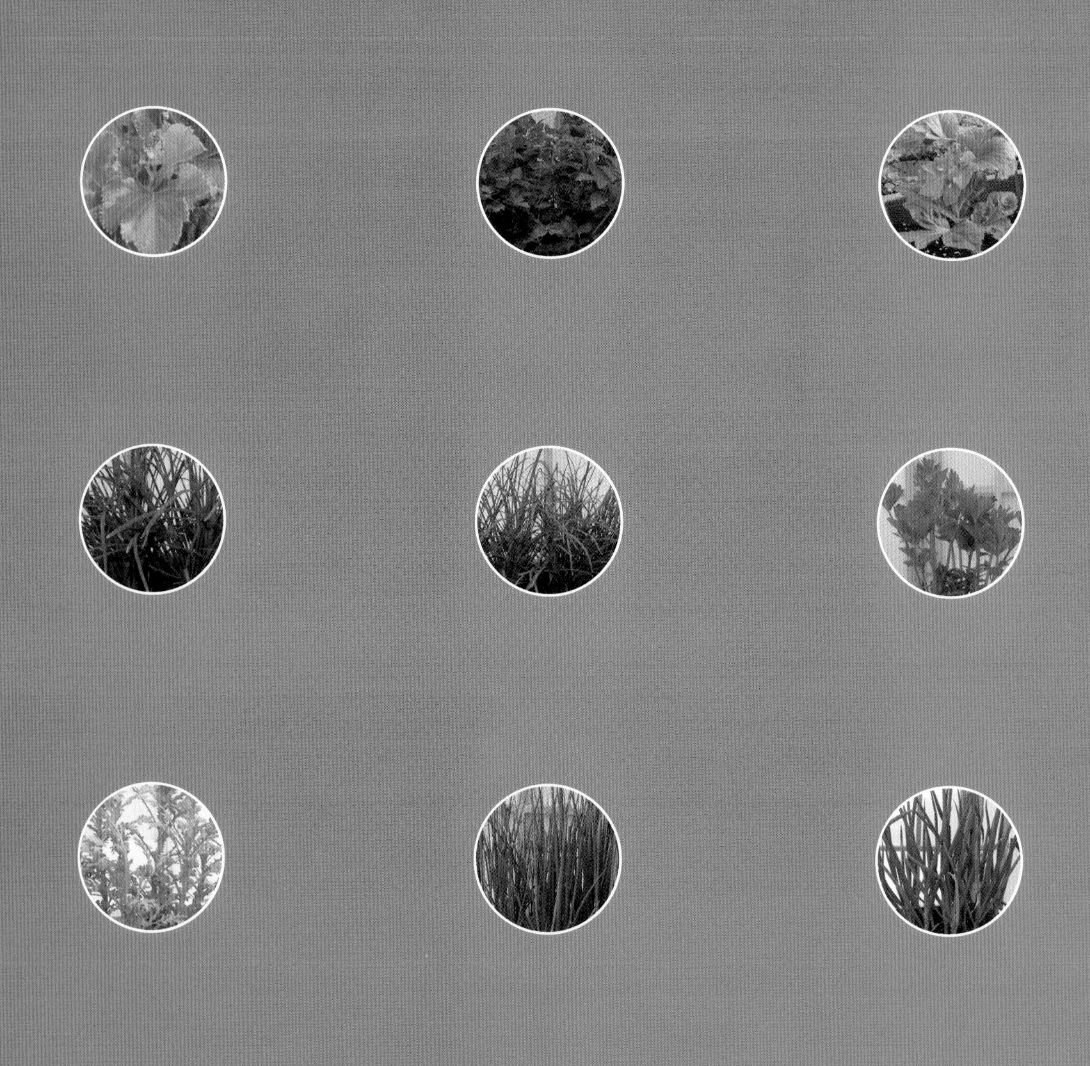

Part 4

叶茎蔬菜

神仙草 / 水芹

旱芹 / 茼蒿

韭菜 / 大葱

小葱

健康蔬菜的代名词神仙草

神仙草在清晨采摘后第二天早上就能看到新芽冒出，因此被叫作“明日叶”。神仙草的维生素C含量是其他野生植物的2倍以上，同时含有生理活性物质皂素、香豆素等。它作为一种健康食品备受关注。神仙草不耐强光，因此在光照不足的阳台上也可以生长得很好。神仙草属于多年生植物，只需种植一次就可以持续收获。神仙草有独特的香气和些许苦味，主要在焯水后食用，或者作为菜汁饮用。

◆ **特征** 神仙草发芽较晚，而且发芽需要20~30天的时间，因此最好使用秧苗种植

虽然冬季土壤变得干燥会导致植株死亡，但只要细心照料，种植一次就可每年都有收获。越是在温暖的地区，其叶片就会越柔嫩，香气越好

在嫩叶出现光泽时收获

分类（科名） 伞形科

营养成分 维生素A、维生素B_{12}、维生素C、铁、磷、钙、类黄酮、查尔酮、香豆素

食用方法 包饭、榨汁、凉拌、生拌菜

栽培信息	栽培难度	所需光照量	适合生长的温度
	★★☆	★☆☆	12~22℃
	适合的容器大小	常见病虫害	收获所需时间
	深度在15cm以上	蚜虫、螨虫	秧苗：4~6周

栽培时间	栽培	1月	2月	3月	4月	5月	6月	7月	8月	9月	10月	11月	12月
	插秧												
	收获												

栽培日志	1周	2周	3周	4周	5周	6周
	插秧			收获 施肥		

栽培过程

准备用品 神仙草秧苗、栽培容器、床土、洒水壶、苗铲

1 插秧

1 由于神仙草的茎和叶较大，因此要选择适合栽培的较大的容器。选好后装上土。

2 调整好间距，放入秧苗。

3 从育苗器中把秧苗分离出来。轻轻地按压育苗器的下端，把秧苗取出来。

4 挖出足够大的洞以后插入秧苗。

2 管理

1 秧苗在干燥的环境中会变得脆弱，因此在生根的初期要充分地给水，将土壤的湿度维持在70%~80%。生根以后要注意排水。

2 最好在播种或插秧的1个月后施肥。轻轻地撒上缓效性肥料。

3 收获

1 长出3个以上的叶轴时，摘下第一个叶轴下面的部分。如果不及时地修剪会导致老化，因此要从最下面的枝条开始一个个地裁下。

2 保留1~2根枝条，就可以一直采摘了。超过采摘时间后香气会更浓，苦味会更重，因此要在叶片嫩小的时候采摘。

Q 神仙草的适宜生长温度为多少？

A 神仙草冬季喜欢温暖的地方，夏季喜欢阴凉的地方。温度超过25℃时生长速度变慢，超过30℃时叶片会失去光泽且变色。冬季温度低于5℃时生长速度变缓，叶片变小，低于0℃时叶片会枯死，第二年重新长出新叶。

Q 为什么茎折断时会流出绿色的液体？

A 神仙草是一种有名的功能性食品。神仙草的茎被折断时会流出绿色的液体，这种液体的主成分是查尔酮、香豆素、类黄酮化合物。查尔酮和香豆素有抑制癌症的作用，类黄酮化合物可以软化及强化血管壁。

可以无土栽培的**水芹**

把从市场上买回来的水芹的根部泡在水里的话，就会长出新的叶与茎。水芹属于多年生草本植物，分布在水边或湿地等潮湿的地区，也可以无土栽培，种植方式较多。水芹富含多种维生素与铁等矿物质，对预防贫血及便秘有很好的效果。

◆ **种类** 栽培水芹、野水芹（野生种）

◆ **特征** 水芹属于通过根部或茎等营养器官繁殖的植物。农户种植水芹时虽然也使用种子，但是用种子栽培比较困难

水芹要用带有根部的茎种植。没有最佳种植时间，可以随时种植

水芹的抗寒能力强，但当温度低于10℃时，将无法很好地生长，并且变成黑色

分类（科名） 伞形科

营养成分 维生素A、铁、钙、磷

食用方法 炖汤、凉拌、拌菜

栽培信息	栽培难度	所需光照量	适合生长的温度
	★★☆	★☆☆	15~23℃
	适合的容器大小	常见病虫害	收获所需时间
	深度在7cm以上	蚜虫	茎：2~4周

栽培时间	栽培	1月	2月	3月	4月	5月	6月	7月	8月	9月	10月	11月	12月
	插秧												
	收获												

栽培日志	1周	2周	3周	4周	5周	6周
	根部种植		收获 施肥			收获

栽培过程

准备用品 水芹（根部）、栽培容器、床土、洒水壶、苗铲

1 在栽剪水芹时要充分地保留从茎下部的节到根部之间的部分。

2 在栽培容器内装入土壤，将水芹的根部以10cm为间隔插入土壤中。

3 充分给水，使土壤变得潮湿。

4 放置在光线容易照射进来的地方。经过4~5天会长出新的叶片。

1B 无土栽培

1 在裁剪水芹时要充分地保留从茎下部的节到根部之间的部分。

2 把带有根的水芹插在杯子里，倒入约1/3的水。

3 放置在光线好的地方。适宜的生长温度是22~24℃。使用一般肥料或液体肥料后便会很好地生长。

2 管理

1 床土栽培时要经常充分地给水。

2 最好在种植约1个月后施肥。撒上缓效性肥料。

3 茎或根变多以后，植株会变脆弱，因此要进行间苗，或者挖出来分开种植。

3 收获

1 通过春天向上生长，夏天在地面爬行的茎部来延伸繁殖。到了秋天茎会向上生长。春季和秋季是收获水芹最好的季节。除了开花期以外，都可以长多少，摘多少。长到30cm左右就可以收获了。

Q 有可以消除水蛭的方法吗?

A 水芹喜湿，因此在有水的地方生长得很好。收获的时候可能附带着出现水蛭，这时可以往水中加入半勺或1大勺食醋，浸泡水芹后，水蛭会自动脱落。水芹在积水中会生长不良，因此要每天换一次水。

饱含香气的鲜脆**旱芹**

咬一口旱芹在口中咀嚼，鲜脆的口感和独特的香气会立刻散布到整个口腔。旱芹富含膳食纤维，热量低，消化时还能消耗大量热量，因此被称为“负热量蔬菜”。旱芹喜好阴凉的气候，在阴处也可以生长得不错，因此适合作为阳台蔬菜种植。种子育苗时间为2~4个月，所以与种子栽培相比，秧苗栽培更容易。种一次就可以收获很多次，只要注意蚜虫的管理。

◆ **种类** 茎用旱芹、茎叶用旱芹

◆ **特征** 属于需光发芽种子，所以播种后土壤要尽可能盖得薄一些。出芽时间与育苗时间较长

耐热性强，有喜水的特性，所以在湿度很高的梅雨季节也可以生长得很好

所需肥料的量大，要施肥才能有收获

分类（科名） 伞科

营 养 成 分 胡萝卜素、纤维素、维生素A、钠、钾、镁、铁

食 用 方 法 沙拉

栽培信息	栽培难度	所需光照量	适合生长的温度
	★★☆	★★☆	15~25℃
	适合的容器大小	常见病虫害	收获所需时间
	深度在7cm以上	蚜虫、斑潜蝇	种子：12~20周、秧苗：4~6周

栽培时间	栽培	1月	2月	3月	4月	5月	6月	7月	8月	9月	10月	11月	12月
	播种												
	插秧												
	收获												

栽培日志	2周	4周	6周	8周	10周	12周
	播种 发芽	间苗 施肥				收获
	插秧	收获 施肥		收获		收获

栽培过程

准备用品 旱芹种子、秧苗、栽培容器、床土、洒水壶、苗铲

1 栽培容器内放入土壤，挖出四周间隔约为10cm的洞。

2 洞内放入2~3颗种子。发芽需要15~30天，时间较长。

3 旱芹种子需要见光才能发芽，因此土壤要盖得薄一些。

4 由于发芽时间较长，为了保证土壤的潮湿，每天要充分地给水一次。

1B 插秧

1 挖出能放入秧苗的足够大的洞，四周的间隔约为10cm。将秧苗放入洞中。

2 仔细地盖上土壤，不要露出秧苗上带着的土壤。

2 管理

1 旱芹本属湿地植物，在干燥环境下比较脆弱，因此要注意把土壤维持在适当的湿度，防止其变干。

2 旱芹属于需要肥料较多的喜肥作物。收获过一次后最好进行施肥。

3 收获

1 最初的生长速度较慢，插秧约1个月后生长速度开始变快。而从播种到收获需要3~5个月。

2 若接受大量光照，则茎会变硬。在阳台上相对来说可以生长得比较缓和。

3 收获的旱芹。

4 保留内侧的叶片，以便多收获几次。

Q 如何进行夏季的虫害管理？

A 伞形科中有很多蚜虫喜欢的植物。高温潮湿时容易出现蚜虫，因此要随时查看叶片的背面，将有蚜虫的叶片摘除。如果蚜虫过多，可以把栽培容器放在水中，让植株接受半天左右的浸泡，蚜虫会自动掉落。同时要注意预防叶片上的白色的蛇形斑潜蝇。成虫根据寄生的植物不同而有所差异，主要是在菊花或旱芹的叶片背面产卵，卵的数量300~400个。幼虫的牙齿非常锋利，会打出很多小洞，对植株造成很大危害。要周期性地确认叶片表面，查看是否有叶片变黄或出现白点的情况，发现幼虫时要立刻清除。最好在发现的初期消除斑潜蝇。可以喷洒杀虫剂消灭幼虫，也可以在长大后消灭成虫。

用途多样的清香活力素**茼蒿**

茼蒿是一种可以为各种食物增添香气的蔬菜。不仅可以用于沙拉这样的生吃的料理，还可以放在汤里，给料理增添一抹绿意。茼蒿有助于激活心脏功能、缓解中风，还能活跃肠胃功能，帮助排除宿便。在阳台上种一些爽口的茼蒿，需要的时候随时摘下来食用吧。茼蒿在春季以及秋季生长得较好，还会开出菊花一样黄色或白色的诱人的花朵。

- **种类** 大叶、中叶、小叶（韩国种植的是中叶种）
- **特征** 以茎为中心收获的话，还会长出侧枝。如果对侧枝进行栽培，那就可以持续地收获
  茼蒿在炎热的夏季开花。可以多播一些种子，以后边间苗边食用。夏季要把茼蒿放在凉爽的地方，以保证其能较好地发芽

分类（科名） 菊科
营养成分 维生素A、维生素B、钾、胡萝卜素、钙
食用方法 炖汤、汤、炸、沙拉

栽培信息	栽培难度	所需光照量	适合生长的温度
	★★★	★★☆	15~20℃
	适合的容器大小	常见病虫害	收获所需时间
	深度在7cm以上	蚜虫、斑潜蝇	种子：6~10周、秧苗：3~4周

栽培时间	1月	2月	3月	4月	5月	6月	7月	8月	9月	10月	11月	12月
播种			■	■	■	■	■	■	■			
插秧				■	■			■	■	■		
收获				■	■	■	■	■	■	■		

栽培日志	1周	2周	3周	4周	5周	6周
	播种 发芽 主叶展开			间苗 施肥		收获
	插秧			收获 施肥		

栽培过程

准备用品 茼蒿种子、秧苗、栽培容器、床土、苗铲、洒水壶、剪刀

1 茼蒿要条播。挖出种洞，行距约为10cm。

2 播种。气温超过30℃时发芽率会降低。播种后进行盖土，土的厚度约为10cm。

3 适当浇水。茼蒿生长1个月左右就可以作为宝宝菜使用了。

4 植株稠密的地方要间苗以扩大空间。

1B 插秧

1 事先把秧苗摆在容器里，挖出足够放入秧苗的大小的洞。间隔最好为10cm。

2 把秧苗放入洞里并盖上土。种的时候要小心，不要伤到根部，盖土时动作要轻。

3 种完后需要确认间隔是否一致。

2 管理

1 播种后到发芽前，或插秧后到生根前，要注意不能使土壤变干。要充分给水，同时要防止养分随水分流出。

2 最好在播种或插秧约1个月后施肥。肥料要撒在茎与茎之间。

3 收获

1 茼蒿长到20cm左右高时就可以收获了。保留下部的3~4个叶片，裁剪上部的茎。

2 收获后的样子。叶片和茎之间的侧枝在接下来的1个月里会继续生长，大约1个月后可以再次收获。

Q 茼蒿的花什么时候开？

A 茼蒿在播种约60天后开花。一旦开花茎就会变硬，所以最好及早地把花朵剪掉。但保留几朵花用来观赏，也不失为阳台蔬菜的独特风情。尤其是在夏季，可以多撒一些种子，在开花前一边间苗，一边食用。夏季用的品种会更易于栽培。

只种一次就能长久享受收获的**韭菜**

韭菜是一种只要种一次就能连续收获3~4年的长寿蔬菜。只要保全根部就会不断地长出新的叶片，可以长久地食用。韭菜性温，有助于消化，而且有利于肠胃病。韭菜还有消除疲劳和滋养强壮的功效。韭菜没有病虫害，而且在阴处也能生长得很好，因此非常适合作为阳台蔬菜种植。韭菜营养成分多，而且葱翠清香，用来观赏也毫不逊色。

◆ **种类** 外来种（绿带韭菜）、本土种（窄叶韭菜、宽叶韭菜等）

◆ **特征** 越冬时处在休眠状态，是一种极其抗寒的多年生蔬菜
虽然是多年生草本植物，但也需要分株或者更换新苗，否则韭菜的收获量以及质量都会下降

分类（科名） 百合科

营养成分 β-胡萝卜素、维生素B_1、维生素B_2、维生素C、钙、铁、硫氢化芳基

食用方法 调味酱、油煎、泡菜、杂菜、饺子

栽培信息		
栽培难度	所需光照量	适合生长的温度
★★★	★☆☆	15~20℃
适合的容器大小	常见病虫害	收获所需时间
深度在10cm以上	蚜虫、斑潜蝇	种子：12~16周、秧苗：3~4周

栽培时间	1月	2月	3月	4月	5月	6月	7月	8月	9月	10月	11月	12月
播种			■	■	■	■	■					
插秧			■	■	■	■	■	■	■			
收获				■	■	■	■	■	■	■	■	

栽培日志	2周	4周	6周	8周	10周	12周
	播种 发芽 主叶展开		施肥			收获
	插秧	收获	施肥	收获		收获

栽培过程

➕ **准备用品** 韭菜种子、秧苗、栽培容器、床土、洒水壶、苗铲

1A 播种

1 韭菜种一次就可以连续收获3~4年，所以要选用能长期使用的容器。

2 按5cm的间隔进行条播。

3 覆盖的土的厚度不要超过5mm。

4 发芽前要充分地给水，防止土壤变干。

1B 插秧

1 为了保留秧苗上的土，要轻轻地转动育苗器的下部，同时按压，取出秧苗。

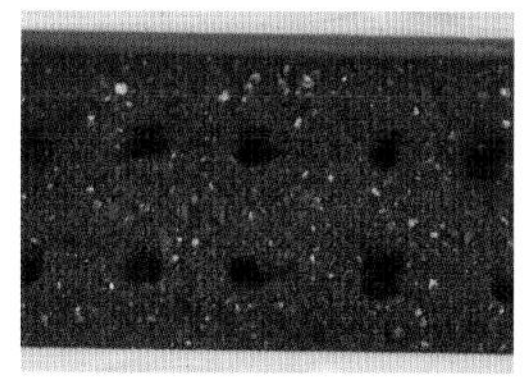

2 洞的大小要能足够放入秧苗。间隔最好为5cm左右。

3 把秧苗放入洞中以后填入土，土壤要盖过根部以上2~3cm。

4 填土的时候动作一定要轻。太用力按压会导致根部受损，生根时间变长。

2 管理

1 韭菜需要充足的水分。干燥时生长缓慢，而且纤维质会增多。梅雨季节天气潮湿，要小心防止其腐烂。由于种植时间较长，在第一次收获后务必要播撒缓效性肥料。

2 韭菜需要培土。在生长的过程中根部会向上生长，因此要定期性地予以盖土。

3 收获

1 叶片长度到达10~20cm时就可以收获了。把一处的韭菜顺成一束，然后从根部齐齐地割断即可。

2 收获3~5天后会长出新芽，约1个月后即可再次收获。

Q 为什么要分株呢？

A 如果韭菜在同一个地方生长的时间过长，根就会很自然地变得杂乱，植株则慢慢变弱。为了防止这种现象，每隔3~4年就要把韭菜的根挖出来分株，或者培育新的秧苗，重新栽培。韭菜没有什么特别的病虫害，只要种好了就可以持续享受收获所带来的乐趣。

所有料理的必需材料 大葱

大葱在韩国的饮食中是必不可少的，它的用途非常广泛。每100g大葱约含109KJ热量。大葱的绿色部分中富含β-胡萝卜素，有缓解头痛、鼻塞的功效。要想在家中阳台上种大葱，只需要留下根部以及新芽，直接种上就可以了。从播种到收获所需的时间较长，如果想早些看到种植成果，可以使用秧苗种植。

- **种类** 夏葱、分蘖葱（秋葱）
- **特征** 抗寒，耐热性好，但在潮湿的环境中较为脆弱，因此栽培容器中的水分不宜过多。大葱必须要在通气性好的土壤中生长，才能保证良好的品质
  在冬季低温下长出花芽，春季开花
  比小葱需要的光照量多
  播种后2~3个月后可以收获

分类（科名） 百合科
营养成分 维生素A、维生素B、维生素C
食用方法 调料、拌菜、油煎

栽培信息	栽培难度	所需光照量	适合生长的温度
	★★☆	★★☆	10~23℃
	适合的容器大小	常见病虫害	收获所需时间
	深度在7cm以上	葱蓟马、葱斑潜蝇	种子：16周、秧苗：10周

栽培时间	栽培	1月	2月	3月	4月	5月	6月	7月	8月	9月	10月	11月	12月
	播种												
	插秧												
	收获												

栽培日志	2周	4周	6周	8周	10周	12周
	播种 发芽	间苗	施肥	间苗		间苗
	插秧	间苗 施肥		间苗	收获	

栽培过程

准备用品 大葱种子、秧苗、栽培容器、床土、苗铲、洒水壶

1 播种后大约需要4个月才能收获。可以根据生长过程间苗，分为细葱、中葱和大葱食用。

2 以5cm为间隔进行条播。

3 盖上一层薄土后浇水。

4 葱长出来以后以2cm为间隔，扩大植株间的间隔。

1B 插秧

1 由于育苗时间很长，购买秧苗种植会比较方便。

2 用来插秧的洞之间的间距约为5cm，要保证间距整齐。

3 把秧苗放到洞里种好。

4 生长约1个月后间苗。插秧后的1~2个月生长较慢，从3~4个月开始会生长得很快。

1C 插根

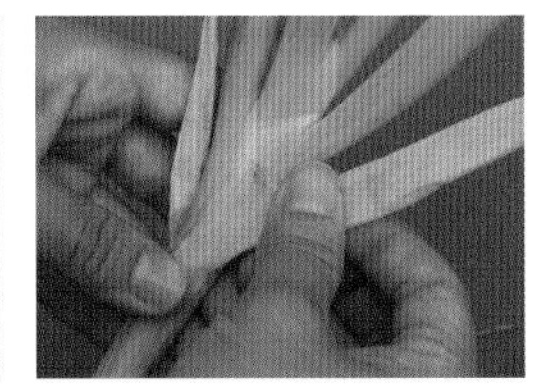

1 葱买回来，吃不完是件让人很头痛的事情。可以用根部来种植或者用收获后留下来的新芽种植。

2 修剪大葱，去掉枯萎的叶片，充分利用大叶片，留下新芽。

3 容器底部放入少量床土后放入大葱，然后填土盖住葱的白色部分。

4 待1个月左右即可食用。

2 管理

1 要做好管理，防止由于过于潮湿而出现病变。

2 葱是一种需要肥料较多的作物，因此播种或插秧后一定要施肥。

3 葱在种植过程中要不断地培土。长度变长时会歪倒，培土可以把葱扶正，而且让葱白部分变长。土壤要覆盖到叶片散开的位置为止。

3 收获

1 葱没有特定的收获时间，根据大小可以分为细葱、中葱、大葱。播种后40天左右为细葱，插秧后35天左右就是中葱。

2 收获时可以连根拔起，也可以保留新芽，继续栽培。

3 收获的葱。

Q 请说明一下葱的种类。

A 葱是用种子、秧苗来种植的，而小葱是使用种球来种植的。葱根据大小来命名，较小的葱叫作细葱，中等大小的叫作中葱，长成后的叫作大葱。

Q 为什么要培土?

A 培土的目的在于防止葱的植株歪倒，延长葱白部分以及提高质量。一般在种植期间要培土3~4次。插秧后和收获前都要进行培土。培土时土壤的高度要达到叶片开始分散的位置。

生长最快的阳台霸主**小葱**

小葱不使用种子或秧苗种植，而是使用种球。小葱的种球是鳞茎（鳞状茎）部位，因此被叫作“球茎”或“小种葱”。虽然种植的时间仅限于长出球茎的夏季，但一旦种植完成，即使光照很弱，也能生长得很茁壮，只需40天就可以收获。小葱富含维生素A和维生素C，有助于皮肤美容及修复。还含有大量可以预防脑部疾病的成分。当夏季种植其他的阳台蔬菜都成为难题的时候，相信种植小葱会带给你一份别样的乐趣。

◆ **特征** 初夏进入休眠期，从6月下旬开始可以找到打破休眠的种球。要打破休眠需要在30℃的气温下将种球进行20天的高温处理

在阳台上种植时不易出现病虫害

分类（科名） 百合科
营养成分 维生素A、维生素C、钾、铁
食用方法 调料、葱饼、泡菜、鸡蛋卷、葱包脍

栽培信息	栽培难度	所需光照量	适合生长的温度
	★★★	★☆☆	15~20℃
	适合的容器大小	常见病虫害	收获所需时间
	深度在7cm以上	葱蝇	种球：6周

栽培时间	栽培	1月	2月	3月	4月	5月	6月	7月	8月	9月	10月	11月	12月
	播种												
	收获												

栽培日志	1周	2周	3周	4周	5周	6周
	播种 发芽					收获

栽培过程

✚ **准备用品** 小葱种球、栽培容器、床土、苗铲、洒水壶

1 要选择颗粒干燥、不易腐烂的种球。

2 把床土放入栽培容器中，保留4~5cm的空间。

3 间隔5cm左右，轻轻地插入种球，保证种球的根部朝下。

4 盖上2~3cm厚的土壤。

2 管理

1 小葱的栽培时间较短，不需要特别的管理。浇水时为了防止种球腐烂，隔3~4天浇一次水即可。

2 小葱容易受到葱蝇的侵害，最好在装入床土时喷洒杀虫剂。

3 夏季如果种植得较早，休眠的打破就会较差，大约需要1周的时间才会出芽。休眠打破较好的种球经过3~4天就会出芽。

3 收获

1 出芽后20~30天就可以收获了。

2 小葱的种球在播种30~40天后就长好了。如果要使用整棵小葱，抓住下部连根拔起即可。

Q 什么是休眠?

A 休眠是指临时性地停止活动，只维持最基本的生命活动的状态。小葱种球一旦进入休眠期，即便是浇水也不会出芽。小葱种球在30℃以上经过20多天才能从休眠状态中醒来并发芽。一般种球用的小葱在5月末到6月初收获后，要放置保管2个月左右。在保管的过程中休眠会被打破，到8月初或中旬时就会出芽。近来农户会利用高温进行处理，从6月末就开始销售已经打破休眠的种球。可以通过网络、主要产地的农协购买。8月之前出芽的速度和生长的速度都是较慢的，因此可以稍微多种一些，从8月下旬开始，经过30天就可以收获了。

Q 怎么打理种球?

A 质量好的种球颗粒坚硬、有光泽。用剪刀稍微整理一下种球上面干枯的根和茎，可以让芽出得整齐一些。这时候有的小葱已经发芽，也有的正从下部长出新的根。新芽和根都可以用剪刀修剪，但不要剪太多，2mm就可以了。

Part 5

野菜

牛皮菜 / 菠菜 / 冬葵 / 盖菜

滨海前胡 / 高丽大蓟

蜂斗菜 / 三叶芹

胡麻菜 / 短毛独活

东风菜 / 石见穿

富含人体有益成分的**牛皮菜**

几百年前的《东医宝鉴》中就有关于牛皮菜的栽培记录，可见其历史之悠久。虽然和甜菜的外形比较相似，但是由于根部不会长得很大，所以主要食用其叶片。有强化肠胃功能、增强视力的功效。叶柄的颜色非常丰富，不易出现害虫，即使是初学者也可以很轻松地种植。

◆ **特征** 可以在春季以及秋季播种，在任何地方都能很好生长
播种时种子不要重叠
发芽前要充分给水，注意防止土壤变干

分类（科名） 藜科
营养成分 维生素A、维生素B_1、维生素B_2、维生素C
食用方法 包饭、沙拉、凉菜、汤

栽培信息	栽培难度	所需光照量	适合生长的温度
	★★★	★★★	15~23℃
	适合的容器大小	常见病虫害	收获所需时间
	深度在7cm以上	蚜虫、甜菜夜蛾	种子：6~10周、秧苗：3~4周

栽培时间	栽培	1月	2月	3月	4月	5月	6月	7月	8月	9月	10月	11月	12月
	播种												
	插秧												
	收获												

栽培日志	1周	2周	3周	4周	5周	6周
	播种 发芽 主叶展开	间苗	间苗		施肥	收获
	插秧			收获 施肥		收获

栽培过程

准备用品 牛皮菜种子、秧苗、栽培容器、床土、洒水壶、苗铲

1 挖出深度为2.5cm的种洞。

2 洞内放入1~2颗种子。

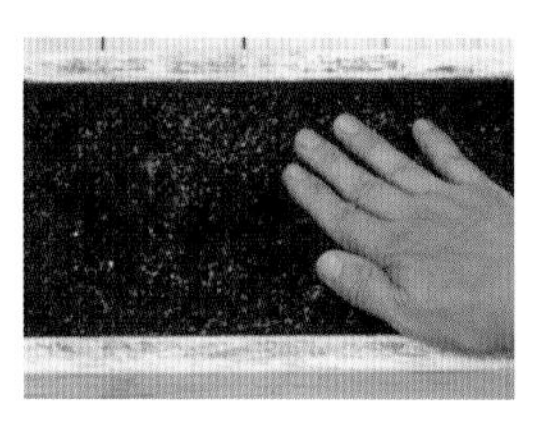

3 盖土，土壤的厚度为种子大小的2~3倍。

4 轻轻地浇水，防止床土被溅起或冲开。

1B 插秧

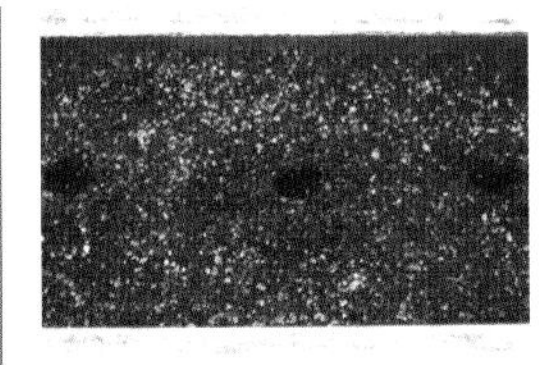

1 挖出足够放入秧苗大小的洞。间隔最好为10cm左右。

2 插秧后用周围的土壤把秧苗和洞之间的空隙填起来。

2 管理

1 要充分给水，防止水分不足。

2 缓效性肥料在栽培过程中用一次就够了。

3 收获

1 插秧后1个月后即可收获。叶片长度到达10cm以上时就可以用来做沙拉或包饭了。

2 一般来说，牛皮菜和生菜一样，收获的时候是从外侧叶片开始逐片采摘的。

3 收获后的模样。一次不要摘太多，每次摘2~3个叶片，至少要保留5个叶片。

Q 牛皮菜要怎么做才好吃呢？

A 牛皮菜一般用在包饭或沙拉中，可以为沙拉、拌饭、拌面等增添色彩。叶片厚实，所以也适合用在炒菜中。如果要去掉牛皮菜的土味和涩味，可以在加入了食盐的水中稍微焯一下。

富含铁和维生素C的**菠菜**

菠菜原产于中亚地区，是一种代表性的黄绿色蔬菜。是雌雄异株植物，适合在阴凉的气温下生长。由于在夏季不易栽培，初学者可以在秋天开始种植，在冬天收获。菠菜中的钙、磷等无机成分很多，特别是铁的含量很高，对预防贫血有好处。含有大量的维生素C，是一种非常重要的维生素补给蔬菜。

◆ **特征** 菠菜的种壳较厚，最好将种子浸泡24小时后再播种
平均气温超过25℃时，繁育会停止，并且会开花，因此应该避免在高温时节种植
种植菠菜的土壤的pH为7~8，菠菜是最不适合在酸性土壤中生长的作物

分类（科名） 藜科
营养成分 钙、铁、维生素A、维生素C
食用方法 拌菜、汤

栽培信息	栽培难度	所需光照量	适合生长的温度
	★★★	★★☆	15~20℃（也可以适应-5~-4℃）
	适合的容器大小	常见病虫害	收获所需时间
	深度在10cm以上	立枯病、露霉病等	种子：4~8周

栽培时间	栽培	1月	2月	3月	4月	5月	6月	7月	8月	9月	10月	11月	12月
	播种												
	收获												

栽培日志	1周	2周	3周	4周	5周	6周
	播种 发芽	间苗	间苗	收获		

栽培过程

✚ **准备用品** 菠菜种子、栽培容器、床土、洒水壶、苗铲、剪刀

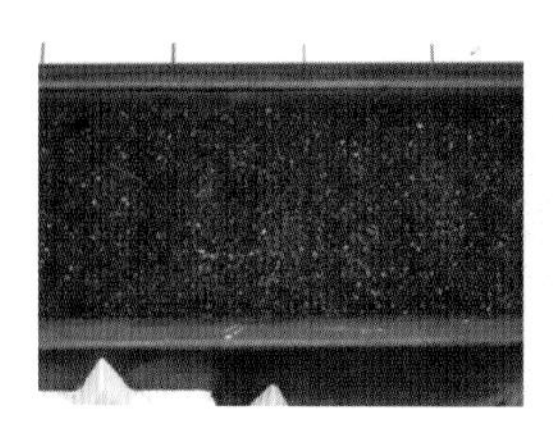

1 菠菜种子要条播。首先要挖出行距为10cm，深度为10mm的种洞。

2 在各行中按1cm左右的间隔撒上种子。轻轻地盖上土后稍微拍打一下。

3 浇水的时候要小心，防止土壤被溅起或冲开。

4 长出主叶时要间苗，只留下健壮的植株。

2 管理

1 要充分地给水，防止土壤表面变干。

2 最好在播种约1个月后施肥。

3 收获

1 虽然根据种类和栽培条件的不同会有所差异，但一般30~60天以后即可收获。

2 长出7~8个叶片时，就可以用剪刀开始采摘了。

3 采摘下来的样子。长到15~20cm时最适合采摘。

Q 菠菜开花了怎么办?

A 菠菜是代表性的长日照植物（日照时间超过12个小时会长出花朵的植物，如大麦、菠菜、豌豆等），日长变长时会长出花轴，茎部会变硬，味道和品质会变差。菠菜一般在5月开花，花朵为浅黄绿色。雄花和雌花不同。雄花是穗状花序（一个长花轴上有多个穗状花的花序），雌花是圆锥花序（花穗的轴分成几个花序，最后的枝条成为总状花序。由于下部的枝条较长，因此整体呈圆锥形）。在叶腋下生有3~5朵雌花。菠菜的种植要避开盛夏，在3~5月或9~10月播种，收获时间不可太晚。

能让身体变轻松的长寿蔬菜**冬葵**

冬葵属于锦葵科，可以食用其嫩叶及茎部。原产地是中国的温带以及亚热带地区，叶片生有少许黏液，没有特别的气味，可以用在多种料理中。抗寒、耐热能力强，气温在15℃以上就可以很容易地栽培。在叶菜类蔬菜的栽培比较困难的盛夏，冬葵也能生长得很好，并能长时间收获。抗病虫害能力强，相对来说是比较容易栽培的蔬菜。

◆ **特征** 水分及养分不足时茎部和叶片会变硬，因此要注意管理
长度为20~30cm时即可收获嫩茎和叶片

分类（科名） 锦葵科
营养成分 维生素A、维生素C、钙等
食用方法 汤、拌菜等

栽培信息	栽培难度	所需光照量	适合生长的温度
	★★★	★★★	15~25℃
	适合的容器大小	常见病虫害	收获所需时间
	深度在15cm以上	蚜虫等	种子：4~6周

栽培时间	栽培	1月	2月	3月	4月	5月	6月	7月	8月	9月	10月	11月	12月
	播种												
	收获												
	施肥												

栽培日志	1周	2周	3周	4周	5周	6周
	播种 发芽	间苗	间苗	收获		

栽培过程

✚ **准备用品** 冬葵种子、栽培容器、床土、洒水壶、苗铲、报纸

1 播种

1 挖出行距为10cm、深度为10mm的种洞。在各行中以1cm左右为间隔播上种子。

2 用床土轻轻地把种洞盖好并稍微拍打一下。

3 浇水的时候要小心，防止土壤被溅起或冲开。

4 长出主叶时要间苗，只留下健壮的植株。

2 管理

1 要充分给水防止土壤表面变干。

2 播种约1个月后要施肥。发现蚜虫时要立刻清除。

3 收获

1 虽然受栽培条件影响会有所差异，但一般30~60天后即可收获。

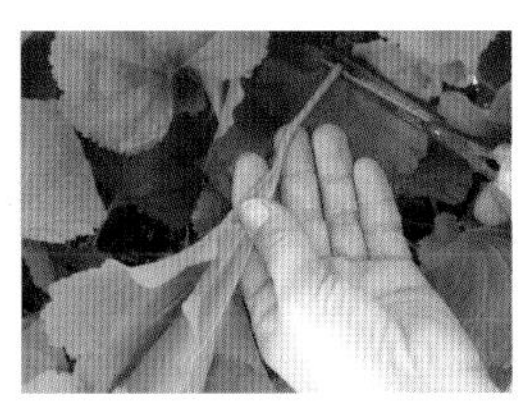

2 长到20~30cm时就可以摘下嫩茎和叶片使用了。以后还可以从侧枝处再次收获。

3 在生长期间持续间苗的话，可以收获既大又新鲜的叶片。

Q 冬葵收获后还能再次收获吗？

A 冬葵可以食用的部分是嫩的茎和叶片，收获时留下主茎和侧枝，并坚持周期性地浇水，过15天左右就会从侧枝上长出新芽，再次收获。一年最多可以收获3~4次。

辣中带苦的泡菜材料**盖菜**

盖菜的原产地是中亚和喜马拉雅地区。适合在阴凉的气候中生长。可以在春季或秋季种植，但相对来说在秋季种植会更容易管理。形态及颜色多样，也用作冬季的泡菜材料。

◆ **特征** 富含有机质，适合在保水力优良的地方生长
和其他蔬菜类相比，繁育期较短
和其他十字花科作物相比，对酸性土壤的适应性差

分类（科名） 十字花科
营养成分 维生素A、维生素B、维生素C、钙等
食用方法 泡菜等

<table>
<tr><td rowspan="4">栽培信息</td><td colspan="4">栽培难度</td><td colspan="5">所需光照量</td><td colspan="4">适合生长的温度</td></tr>
<tr><td colspan="4">★★★</td><td colspan="5">★★★</td><td colspan="4">20℃</td></tr>
<tr><td colspan="4">适合的容器大小</td><td colspan="5">常见病虫害</td><td colspan="4">收获所需时间</td></tr>
<tr><td colspan="4">深度在15cm以上</td><td colspan="5">软腐病、蚜虫、小菜蛾等</td><td colspan="4">种子：5~8周</td></tr>
<tr><td rowspan="3">栽培时间</td><td>栽培</td><td>1月</td><td>2月</td><td>3月</td><td>4月</td><td>5月</td><td>6月</td><td>7月</td><td>8月</td><td>9月</td><td>10月</td><td>11月</td><td>12月</td></tr>
<tr><td>播种</td><td></td><td></td><td></td><td></td><td></td><td></td><td></td><td></td><td></td><td></td><td></td><td></td></tr>
<tr><td>收获</td><td></td><td></td><td></td><td></td><td></td><td></td><td></td><td></td><td></td><td></td><td></td><td></td></tr>
<tr><td rowspan="2">栽培日志</td><td colspan="2">1周</td><td colspan="2">2周</td><td colspan="2">3周</td><td colspan="2">4周</td><td colspan="2">5周</td><td colspan="3">6周</td></tr>
<tr><td colspan="2">播种 发芽</td><td colspan="2">间苗</td><td colspan="2">间苗</td><td colspan="2">收获</td><td colspan="2"></td><td colspan="3"></td></tr>
</table>

栽培过程

✚ **准备用品** 盖菜种子、栽培容器、苗铲、洒水壶、床土、剪刀

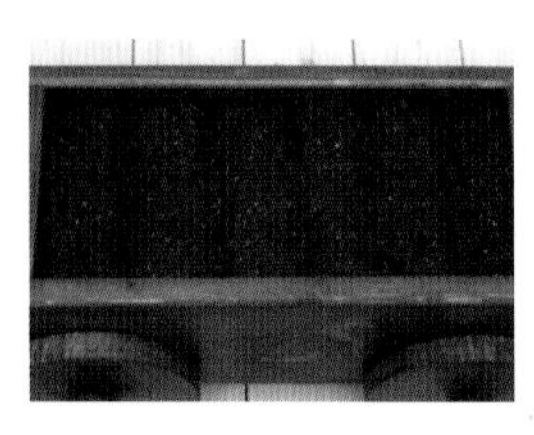

1 挖好种洞，行距为10cm，深度为5cm。

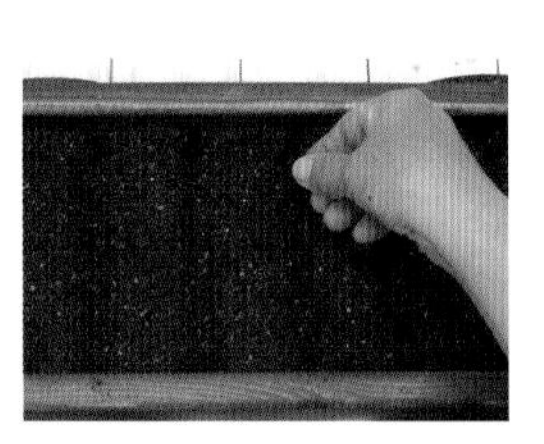

2 在每行中以1cm左右为间隔将种子进行条播。

3 轻轻地用土盖上种洞后，稍微拍打一下。

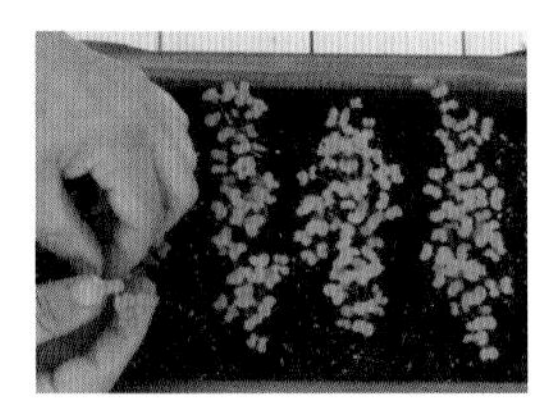

4 主叶展开时要间苗，只留下健壮的植株。

2 管理

1 充分给水，防止土壤表面变干。

2 通过间苗扩大植株间的间隔。茎部下垂时要摘掉下面的叶片来保证足够的空间。栽培期间要施用一次缓效性肥料。

3 收获

1 收获前茂盛的样子。

2 虽然受种类以及栽培条件的影响会有所差异，但一般在40~60天后即可收获。

3 可以整棵收获，也可以每次只采摘少量。

Q 盖菜开花了该怎么办？

A 盖菜是低温性蔬菜，在春季与夏季开花。最好在气温升高、长出花轴前收获及食用。

味道与香气上乘的野菜**滨海前胡**

滨海前胡是韩国济州海岸及其他南部海岸野生的伞形科多年生草本植物。适合在排水好、潮湿的土壤中生长。一直以来主要作为药用植物使用。幼苗的味道与香气很好，可以用于拌菜等。富含各种维生素和无机质，有助于抗癌以及预防肥胖。

◆ **特征** 可以在风大的海岸地区生长，也可以在一般土壤中生长
可以播种或分株
收获时保留下部的2~3个叶片，下部会重新长出新叶
7~8月开花，花为白色

分类（科名） 伞形科
营 养 成 分 各种维生素、无机质、香豆素等
食 用 方 法 凉菜、包饭等

栽培信息	栽培难度	所需光照量	适合生长的温度
	★★★	★★☆	8℃以上（温度过高时无法正常生长）
	适合的容器大小	常见病虫害	收获所需时间
	深度在30cm以上（深根性，尽量使用深的容器）	白粉病	28~30周

栽培时间	1月	2月	3月	4月	5月	6月	7月	8月	9月	10月	11月	12月
插秧												
收获												

栽培日志	1周	2周	3周	4周	5周	6周	7周
	插秧						收获

栽培过程

+准备用品 滨海前胡秧苗、栽培容器、苗铲、洒水壶、床土、剪刀

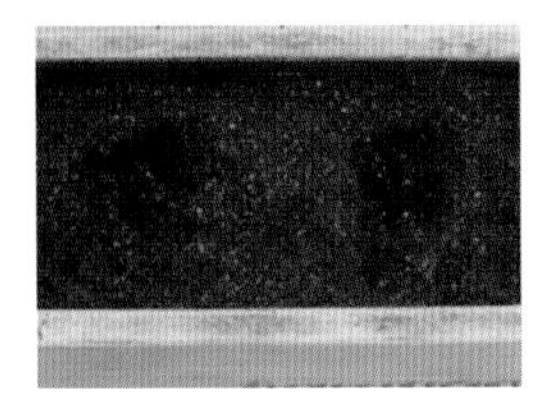

1 挖好能足够放入秧苗的洞。种洞的间距最好为10~20cm。

2 根据洞的大小插入秧苗。

3 轻轻地填上土，使根部与土壤密切地贴合。

4 充分给水，保证能正常地扎根。

2 管理

1 充分给水，防止土壤表面变干。

2 根据天气或繁育状态施肥。滨海前胡在施肥过多时容易出现白粉病，因此要注意调节肥料的用量。

3 收获

1 收获前的样子。

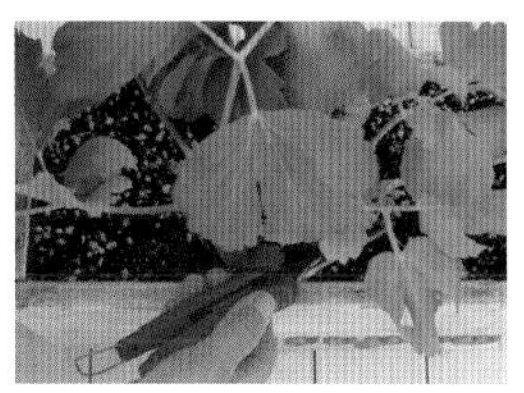

2 用剪刀剪下大小合适的叶片与茎。

3 收获时保留一些叶片，这样可以在秋季或翌年再次收获。

4 收获后的样子。

Q 滨海前胡不可以通过播种栽培吗?

A 滨海前胡的种子很容易从市场上买到。上一年的种子的发芽率约为50%，时间越长发芽率越低。如果要用种子进行种植，在播种前1天要把种子放在水中，使其充分地吸收水分。发芽前为了防止浮土变干，要周期性地充分地给水。1周左右可以发芽，但如果忽略了养分及水分等的管理，就很难会有收获。

好吃的野菜**高丽大蓟**

高丽大蓟广泛分布在韩国、日本、中国及地中海地区。在生长2~3年后根部腐烂植株死亡，种子掉落下来重新生长。适合在阴凉及湿度高的地方生长，50~60天即可收获，一年可以收获2~3次。主要利用其嫩叶与茎制作拌菜、粥等。

◆ **特征** 适合在阴凉处生长，因此夏季要做好温度管理
7~8月开花，花为紫色

分类（科名） 菊科
营养成分 维生素B、维生素C、各种无机质
食用方法 拌菜、汤等

栽培信息	栽培难度	所需光照量	适合生长的温度
	★★★	★★★	18~25℃
	适合的容器大小	常见病虫害	收获所需时间
	深度在15cm以上	–	7~8周

栽培时间	栽培	1月	2月	3月	4月	5月	6月	7月	8月	9月	10月	11月	12月
	插秧												
	收获												

栽培日志	2周	4周	6周	8周
	插秧			收获

栽培过程

✚ **准备用品** 高丽大蓟秧苗、栽培容器、苗铲、洒水壶、床土、剪刀

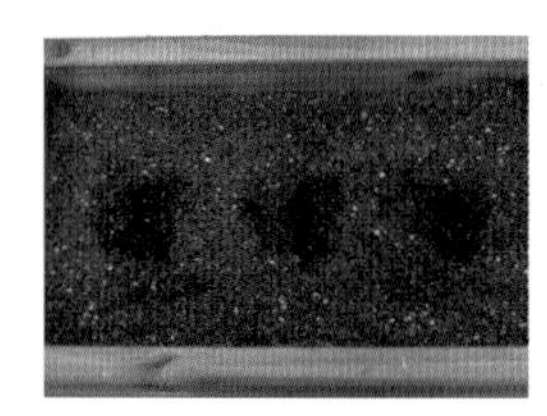

1 挖出能足够放入秧苗的洞。间隔最好为10~20cm。

2 根据栽培容器的大小插入秧苗。

3 盖上土以后充分地浇水。

2 管理

1 充分给水，防止土壤表面变干。

2 根据天气或植株的繁育状态施肥。

3 收获

1 在春天种植的话，6月初即可收获。

2 保留下面2节，摘下嫩叶与茎。

Q 可以用高丽大蓟的种子重新种植吗？

A 高丽大蓟在种过一次以后，花朵里长出的种子会在第二年发芽，因此没有重新种植的必要。但如果想要用种子重新种植，就需要在9月末取种，置于阴凉处风干后保存。在播种前，要计算好时间，把种子包裹在浸湿的毛巾中，放置在4℃的环境下，并保持湿度，经过60~80天的低温处理后再播种，这样可以提高发芽率。

刺激食欲的春季野菜**蜂斗菜**

蜂斗菜属于菊科的多年生草本植物。在韩国各地的水田、旱田、湿地等处自生自长，雌雄异株。在早春开花，雄花为黄白色，雌花为白色。蜂斗菜喜欢潮湿的土壤，叶片变大后很难适应干燥的环境。抗寒能力强，适合在低温下生长。是富含维生素A、维生素B_1、维生素B_2、钙、纤维素的碱性食品，含有大量多酚，有助于抗酸化、抗过敏。

◆ **特征** 主要利用地下茎分株繁殖
不适应干燥环境，因此要经常给水防止土壤干燥
在阴处也能很好地生长，因此适合在半阴凉处种植

分类（科名） 菊科
营 养 成 分 维生素A、维生素B_1、维生素B_2、钙、纤维素、多酚等
食 用 方 法 拌菜、汤等

栽培信息	栽培难度	所需光照量	适合生长的温度
	★★★	★★☆	10~23℃
	适合的容器大小	常见病虫害	收获所需时间
	深度在20cm以上	萎黄病、蚜虫、鼻涕虫等	12~16周

栽培时间	栽培	1月	2月	3月	4月	5月	6月	7月	8月	9月	10月	11月	12月
	春季插秧			■	■								
	收获							■	■	■	■		
	秋季插秧								■	■	■		
	收获（翌年）				■	■	■	■	■	■	■		

栽培日志	2周	4周	6周	8周
	插秧	间苗	间苗	收获

栽培过程

✚ **准备用品** 蜂斗菜秧苗、栽培容器、苗铲、洒水壶、床土、剪刀

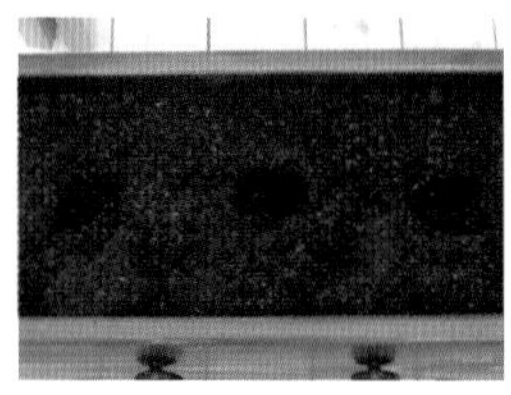

1 挖出能足够放入秧苗的洞。间隔最好为10~20cm。

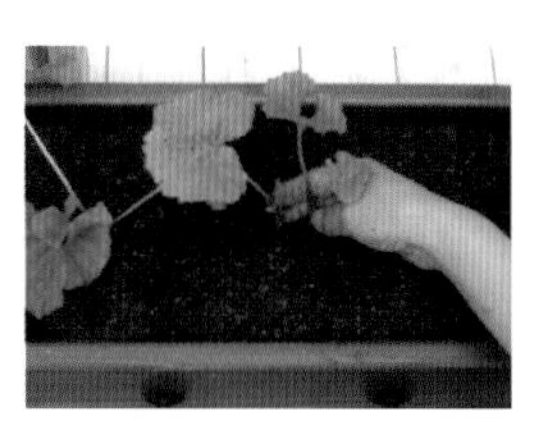

2 根据栽培容器的大小插入秧苗。

3 用周围的土轻轻地填上。

4 要充分地浇水，使根部和土壤密切贴合。

2 管理

1 充分给水，保证土壤表面不会干燥。

2 根据天气或植株状态施肥。

3 收获

1 收获前的样子。

2 可以随时收获。用手拽一下茎的末端，收获拽下来的部分。

Q 为什么到了春季蜂斗菜还没发芽?

A 蜂斗菜、东风菜等野生的多年生草本植物为了在冬季存活，叶片与茎会变黄并且干枯，进入休眠状态。虽然看起来像死了一样，但根部还是活着的。冬天一过，翌年春天就会冒出新芽。蜂斗菜需要在3℃的低温环境下经过2个月左右才可以结束休眠，并长处新芽。如果放置蜂斗菜的地方温度过高，那它是无法从休眠中苏醒的。原产地是温带地区的植物要想发芽，必须经过一定时间的低温处理。而且冬季如果不给水，根部可能会干死，所以要周期性地给水，并做好管理。

三片叶子的三叶芹

三叶芹的原产地是日本，形态与大叶芹类似。可以在光照不好的地方生长，但不适合在温度过高的夏季生长。冬季叶片与茎死亡，但根部抗寒能力强，在翌年春天会长出新芽，繁殖能力很强。富含维生素A、维生素C、钙等成分。特有的香气适合用于拌菜、凉菜以及沙拉等。

◆ **特征** 让种子充分吸水后可以发芽更快
属于好光性种子，播种后盖土时要盖得薄一些

分类（科名） 伞形科
营养成分 维生素A、维生素C、钙等
食用方法 拌菜、凉菜、沙拉等

栽培信息	栽培难度	所需光照量	适合生长的温度
	★★★	★★☆	10~20℃
	适合的容器大小	常见病虫害	收获所需时间
	深度在20cm以上	烂根病、蚜虫、螨虫等	10~12周

栽培时间	1月	2月	3月	4月	5月	6月	7月	8月	9月	10月	11月	12月
春季插秧												
收获												
秋季插秧												
收获（翌年）												

栽培日志	3周	6周	9周	12周
	播种 发芽 间苗	间苗 施肥	施肥	收获 施肥
	插秧 施肥	收获 施肥		

栽培过程

+准备用品 三叶片秧苗、栽培容器、苗铲、洒水壶、床土、剪刀

1 挖出行距为10cm，深度为10cm的洞。

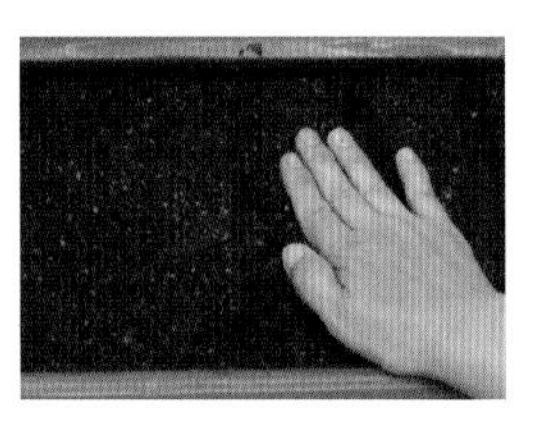

2 把秧苗插入洞中，并填好土。

3 浇水时要注意不要让土壤溅出来或被冲开。

4 长出主叶时要间苗，留下其中最健壮的植株。

2 管理

1 要充分地给水防止土壤表面变干。

2 最好在插秧约1个月后施肥。

3 收获

1 收获前的样子。受种类和栽培条件的影响略有不同，但80~90天以后即可收获。

2 茎部长到25cm左右时，就可以用剪刀裁下了，注意要保留下部2~3cm的茎。收获后施肥，并再次种植的话就可以持续收获了。

3 收获后的样子。

Q 三叶芹和大叶芹有什么不同?

A 三叶芹是日本的一种改良蔬菜。虽然外形与大叶芹非常相似，但是两者是完全不同的蔬菜，常常被错误地说成是同一种蔬菜。三叶芹整株都呈绿色，但是大叶芹茎的下部呈红色。韩国野生的大叶芹的香气要更加浓厚，而三叶芹则更易栽培，而且一年里可以收获多次。

郁陵岛和济州岛的特产**胡麻菜**

胡麻菜被叫作“拨火棍菜”，样子像是一个粗粗的笔画“撇”，特点是根茎向旁边生长。胡麻菜喜欢光照好及排水性好的地方，也能很好地适应其他各种环境。主要在5~6月采摘新苗，将其做拌菜等食用。

◆ **特征** 喜欢光照好的地方，在阴处生长得不是很好
通过播种或分株繁殖
将根栽成5~6cm长的小段后埋入地里即可繁殖
要使用保水性好的肥沃土壤

分类（科名） 菊科
营养成分 维生素A、维生素C、钙等
食用方法 拌菜、干炸等

栽培信息	栽培难度	所需光照量	适合生长的温度
	★☆☆	★★★	-
	适合的容器大小	常见病虫害	收获所需时间
	深度在20cm以上	-	8周

栽培时间	栽培	1月	2月	3月	4月	5月	6月	7月	8月	9月	10月	11月	12月
	插秧												
	收获												

栽培日志	1周	2周	3周	4周	5周	6周	7周	8周	9周
	插秧				施肥			收获	施肥

栽培过程

✚ **准备用品** 胡麻菜秧苗、栽培容器、苗铲、洒水壶、床土、剪刀

1 挖出能足够放入秧苗的洞。间隔最好为10~20cm。

2 根据栽培容器的大小插入秧苗。

3 填好洞，使根部和土壤密切贴合。

4 充分地给水，保证秧苗顺利扎根。

2 管理

1 充分地给水，保证土壤表面不会干燥。

2 根据天气或植株的繁育状态施肥。施肥时可以放一点肥料进去，等待肥料慢慢融化。

3 收获

1 植株长到15cm左右时就可以随时收获了。

2 用手拽住茎的下部，能拽下来的部分即为可收获的部分。

3 采摘下来的样子。

Q 胡麻菜和马兰菜不一样吗？

A 马兰菜的种类很多。有马兰菜、全叶马兰、华南马兰、普陀马兰、丹阳马兰等。如果不是专家，则很难分辨。韩国郁陵岛的土生品种胡麻菜就是马兰菜中的一种。

味道与香气俱佳的山菜**短毛独活**

短毛独活属于伞形科的多年生草本植物，在韩国的山地以及田野中随处可见。适合在排水好、肥沃的土壤以及半阴凉处生长。叶片互相岔开，茎长得很直，像是中空的圆柱。特点是又甜又辣。性喜温热，自古以来就被作为治疗头痛和腰疼的药物使用。

◆ **特征** 通过播种或分株繁殖

上一年采摘的种子要在低温（4℃以内）下保管。大约在10℃的低温下种子会发芽

分类（科名） 伞形科

营养成分 维生素B_1、维生素B_2、β-胡萝卜素、香豆素等

食用方法 拌菜、汤等

栽培信息	栽培难度	所需光照量	适合生长的温度
	★☆☆	★★☆	–
	适合的容器大小	常见病虫害	收获所需时间
	深度在20cm以上	螨虫、白粉病等	10~12周

栽培时间	栽培	1月	2月	3月	4月	5月	6月	7月	8月	9月	10月	11月	12月
	播种												
	收获（翌年）												
	插秧												
	收获												

栽培日志	3周	6周	9周	12周
	插秧	施肥		收获 施肥

栽培过程

准备用品 短毛独活秧苗、栽培容器、苗铲、洒水壶、床土、剪刀

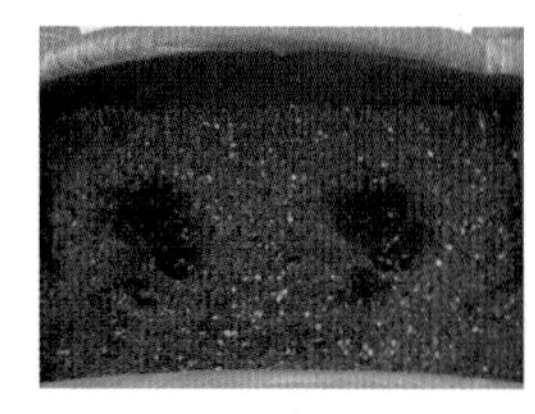

1 挖出能足够插入秧苗的洞。间隔最好为20cm左右。

2 把秧苗放到洞里。盖土的时候动作要轻，防止伤到根部。

3 插完秧后要充分地给水，保证其顺利扎根。

2 管理

1 充分地给水，防止土壤表面变干。

2 插秧约1个月后要施肥，收获后为了促进繁育也要施肥。

3 收获

1 植株长到20cm左右时就可以收获了。

2 用手拽住枝条的末端时能拽下来的部分就可以使用了。

Q 短毛独活叶子变黄了，长得也不好怎么办?

A 种植作物的时候经常出现各种病害或者蚜虫、螨虫等虫害。容易在高温干燥的环境下出现的螨虫会吸取新生叶片的养分，导致叶片枯黄。而且螨虫的繁殖力极强，对周围的作物有很大的危害，因此一经发现必须立刻消除。发现初期可以用水冲洗来减少一部分螨虫，也可以立刻使用专门的螨虫药。

春天的使者**东风菜**

在韩国种植的与东风菜同属一科的蔬菜有紫菀、马蹄、山牛蒡等。由于东风菜香气独特，而且易于栽培，因此最为常见。适合在凉爽的半阴处生长，喜好腐殖质丰富、潮湿、排水好的土壤。味道与香气都很好，含有维生素A等多种营养成分。将嫩叶焯水后作为拌菜等食用。

◆ **特征** 夏季温度升高，东风菜繁育变差，叶片与茎变硬
夏季去掉花轴可以减少养分流失，翌年会繁育得更好

分类（科名） 菊科
营养成分 维生素A、钾、钙等
食用方法 包饭、拌菜等

栽培信息	栽培难度	所需光照量	适合生长的温度
	★★☆	★★☆	20~25℃
	适合的容器大小	常见病虫害	收获所需时间
	深度在20cm以上	蚜虫等	10周

栽培时间 栽培	1月	2月	3月	4月	5月	6月	7月	8月	9月	10月	11月	12月
春季播种			■	■								
收获							■	■	■	■		
秋季插秧									■	■		
收获（翌年）				■	■	■	■	■	■	■		

栽培日志	3周	6周	9周	12周
	插秧	施肥		收获 施肥

栽培过程

+ 准备用品 东风菜秧苗、栽培容器、苗铲、洒水壶、床土、剪刀

1 在栽培容器中填入土壤。

2 挖出能足够放入秧苗的洞。间隔最好为10~20cm。

3 放入秧苗后把洞填起来并固定好。

4 盖土的时候要小心，不要伤到根毛。

2 管理

1 插秧后要充分地浇水，保证容器底部的土壤也是湿润的。

2 叶子从根部开始向四周分散开生长。施肥可以减少叶片的分散，促进生长。

3 收获

1 植株长到10cm左右时就可以随时收获了。

2 抓住茎的末端（底部）用手一拽，能拽下来的部分就是可以食用的部分。

Q 东风菜长出花轴时该怎么办？

A 东风菜是多年生草本植物，冬季种植时要留心温度与水分的管理，才能在翌年继续收获。如果想翌年也有收获，最好从7月末开始停止采摘，保证养分与光照的供给。过了7月大部分东风菜都会开花，去掉花轴可以减少养分的消耗，有利于根部的繁育，翌年的品质会更好。

凹凸不平的“麻脸白菜”石见穿

因为长得像白菜，而且叶片凹凸不平，因此被叫作“麻脸白菜”。在韩国，石见穿生长在山地与田野的湿地里。越冬后再到春天时会开出淡紫色的花。有一种独特的土腥味以及苦味。取其嫩叶食用。植株整体自古以来都作为药物使用。

◆ **特征** 适合在排水性好、养分充足的土壤中生长
耐热性和抗干燥能力较差，在繁育过程中要保持土壤湿润
播种时要充分地给水，尽量不要触碰根部

分类（科名） 唇形科
营养成分 多酚、类黄酮等
食用方法 拌菜、泡菜等

栽培信息	栽培难度	所需光照量	适合生长的温度
	★★★	★★☆	20℃以内
	适合的容器大小	常见病虫害	收获所需时间
	深度在20cm以上	叶枯病、萎黄病、蚜虫、蜗牛等	10周

栽培时间	栽培	1月	2月	3月	4月	5月	6月	7月	8月	9月	10月	11月	12月
	春秋播种						■	■					
	春秋插秧							■	■				
	收获									■	■		
	收获（翌年）			■	■	■							

栽培日志	1周	2周	3周	4周
	插秧	施肥	收获	施肥

栽培过程

✚ **准备用品** 石见穿秧苗、栽培容器、苗铲、洒水壶、剪刀、床土

1 插秧

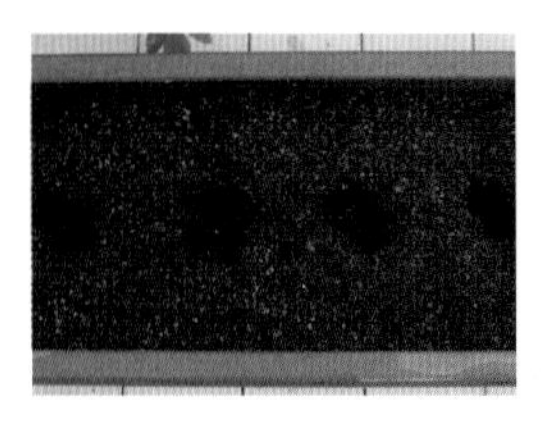

1 挖好能足够放入秧苗的洞。间隔最好为10~15cm。

2 根据洞的大小放入秧苗。

3 用周围的床土轻轻地把秧苗和洞之间的缝隙填起来。

4 充分地给水，保证秧苗顺利生根。

2 管理

1 每天要充分地浇一次水，防止土壤表面变干。

2 虽然和其他作物相比石见穿需要的肥量并不多，但收获后最好追肥。可以使用缓效性肥料或液肥。

3 收获

1 叶片长到10cm左右就可以收获了。

2 用手拽一下茎的末端，能拽下来的部分就是可以食用的部分。

Q 春天买了石见穿苗种上了，但是光往上长却不抽薹？

A 石见穿是唇形科的两年生草本植物，播种后的第一年只长根叶（从根部或地下茎中直接长出地面的叶片），翌年春季，茎部开始向上生长，并抽薹、开花、长出种子，然后死亡。如果秧苗只向上生长，说明上年已经播种，并且抽薹。只要等开花后取种使用即可。

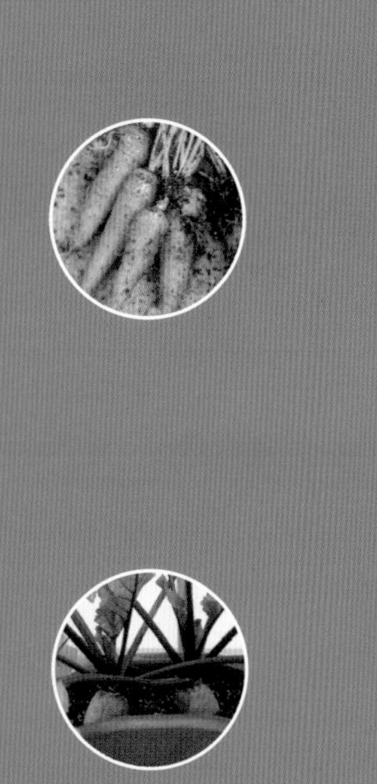
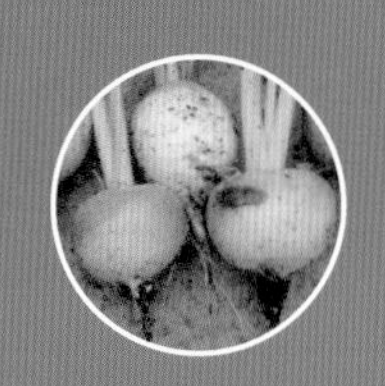
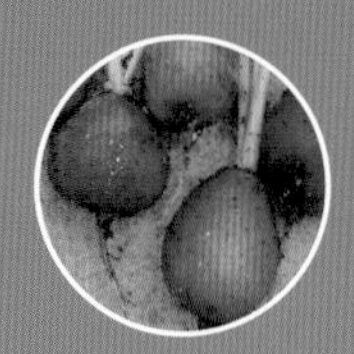
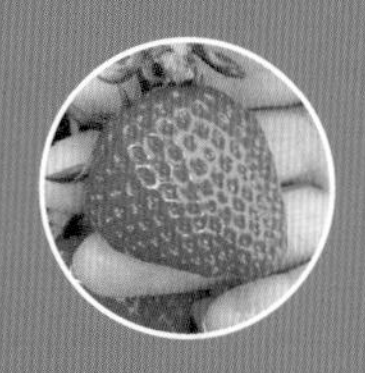

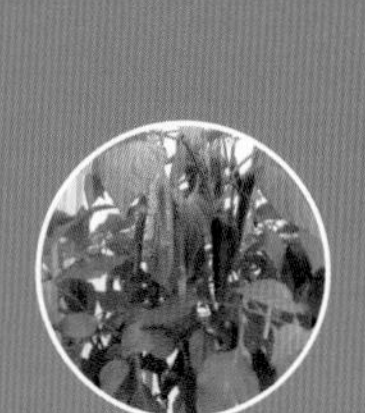

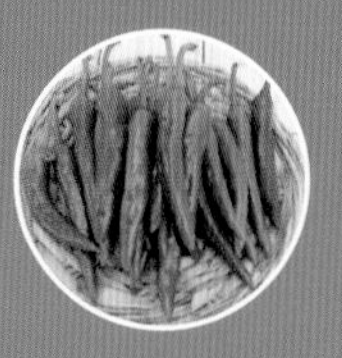

Part 6

根菜和果菜

胡萝卜/ 小红萝卜/ 芜菁 /甜菜

辣 椒 / 番 茄 / 草 莓

缓解视疲劳的**胡萝卜**

胡萝卜是根菜中富含胡萝卜素的代表性黄绿色蔬菜。胡萝卜呈黄绿色是由于β-胡萝卜素导致的，经过油炒之后吸收率会更高。胡萝卜的种了是好光性种子，因此在播种后盖土要薄。同时由于其在干燥环境中不易生长，因此在播种后要充分地浇水。胡萝卜适合在15~20℃的阴凉气候下生长，在繁育初期耐热及抗寒能力强，随着繁育的进行，在高温环境下容易出现病虫害，因此要留心管理。

- **种类** 从圆锥形到圆柱形（H型）的胡萝卜都有
  有个头较小的迷你胡萝卜，还有黄胡萝卜、大麦色胡萝卜等多种颜色的胡萝卜
  选择抗病虫害能力强的品种，便于管理
- **特征** 胡萝卜等根菜与其他的作物不同，不使用秧苗，直接播种即可。移植时会从根部的分叉处长出新的胡萝卜
  播种后盖土要薄，保证充足的阳光照射
  播种后的1个月要细心做好杂草管理工作

分类（科名） 伞科
营养成分 维生素A、维生素B、维生素C、钙、铁钾
食用方法 生吃、果汁、沙拉等

栽培信息	栽培难度	所需光照量	适合生长的温度
	★★☆	★★★	15~20℃
	适合的容器大小	常见病虫害	收获所需时间
	深度在20cm以上	黑叶枯病、软腐病、线虫、甜菜夜蛾等	种子：12~20周

栽培时间	栽培	1月	2月	3月	4月	5月	6月	7月	8月	9月	10月	11月	12月
	春季播种												
	收获												
	夏季播种												
	收获												
	秋季播种												
	收获												

栽培日志	3周	6周	9周	12周	15周	18周	21周
	播种 发芽	间苗 施肥 间苗	施肥	施肥		施肥	收获

栽培过程

准备用品 胡萝卜种子、栽培容器、床土、苗铲、洒水壶

1 播种

1 挖好放种子的洞，间隔约10cm，深度约5cm。

2 在种洞内放入2～3颗种子。用土盖好种洞后轻轻拍打几下，然后移到光线照射好的窗边。

3 浇水的时候动作要轻，防止土壤被溅起。

4 长出主叶时要间苗，留下最健壮的植株。

2 管理

1 胡萝卜需要的水分较多，因此要充分地浇水，防止土壤表面变干。

2 如果通风不好，会容易出现蚜虫，最好在初期就将蚜虫消灭。要经常进行防治，防止出现蚜虫。如果蚜虫数量增多，就要使用杀虫剂。根据日程进行间苗以及施肥。

3 收获

1 虽然各种类的收获时间不同，但快的在播种后70天就能收获，晚的在播种后120~150天也能收获。胡萝卜一经拔出就无法再次插入，因此要先把土壤扒开，查看一下胡萝卜的上部的情况。

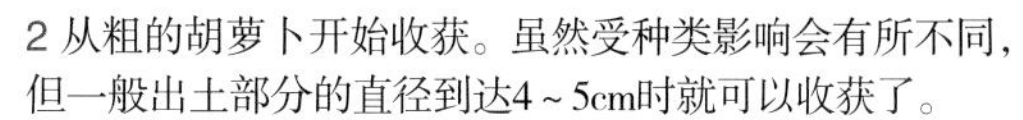
2 从粗的胡萝卜开始收获。虽然受种类影响会有所不同，但一般出土部分的直径到达4～5cm时就可以收获了。

Q 播种后发出的芽很多，应该什么时候给胡萝卜间苗呢？

A 大约要间苗2次。第一次是在叶片长出来的时候，以2~3cm为间隔间苗。第二次是在长出4～5片叶片时，以5～6cm为间隔间苗。要以病虫害侵袭的植株、叶柄细长的植株和胚轴弯曲的植株为主进行间苗。间苗时要注意，不要伤到周围的植株的根。当胡萝卜的上部高出土壤时，就要再盖上1～2cm的土。

容易栽培的**小红萝卜**

小红萝卜在播种后20天即可收获，因此被叫作“20日萝卜”。和萝卜一样喜欢阴凉的气候，因此不适合在盛夏或秋天种植。易于栽培，即使初学者也能很容易地栽培，在狭窄的空间也可以生长得很好。长出子叶后以3~4cm为间隔间苗，扩大植株间的空间，大约1个月后就可以收获圆圆的可爱的萝卜了。

◆ **特征** 发芽后要分次扩大植株之间的空间根系才能获得良好的发展。长出1～2片叶子时以2～3cm为间隔扩大空间，长出4～5片叶子时以10cm为间隔扩大植株间的空间

如果植株间距离过小，则根部的模样会变成细长形，而不是圆形

过于潮湿时会繁育不良，因此要注意浇水

根部直径到达2～3cm时就可以收获了。如果收获过晚，会出现根部开裂等质量下降的情况

外面是红色，里面是白色，吃起来脆爽，这是小红萝卜的特点

分类（科名） 十字花科
营养成分 维生素C、叶酸、钾
食用方法 沙拉、果脯

栽培信息	栽培难度	所需光照量	适合生长的温度
	★★★	★★★	17~20℃
	适合的容器大小	常见病虫害	收获所需时间
	深度在15cm以上	软腐病、蚜虫、菜蛾等	4~8周

栽培时间	栽培	1月	2月	3月	4月	5月	6月	7月	8月	9月	10月	11月	12月
	播种												
	收获												

栽培日志	1周	2周	3周	4周
	播种	间苗	间苗	收获

栽培过程

准备用品 小红萝卜种子、栽培容器、床土、苗铲、洒水壶

1 挖出间隔为10cm，深度为5mm的种洞。

2 将种子放入种洞。小红萝卜的发芽率较高，因此种洞里无须放入太多种子。

3 轻轻地用土盖住种洞后拍打几下。

4 浇水时动作要小心，防止土壤被溅出。

2 管理

1 根菜需要的养分较多。因为要在短时间内收获，因此要适当地施加肥料。

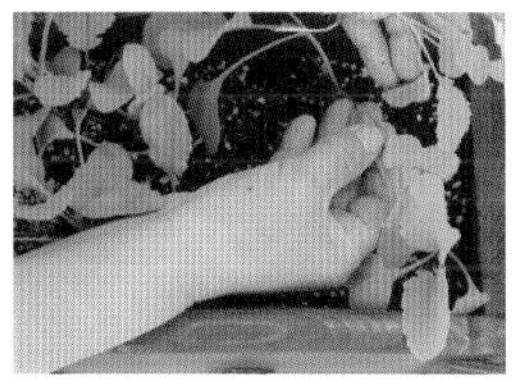

2 长出1～2片主叶时，以2～3cm为间隔扩大植株间的空间。长出4～5cm主叶时，以10cm为间隔扩大植株间的空间。

3 浇水过多会导致根部腐烂，因此只要在土壤表面变干时浇水即可。

3 收获

1 虽然受种类和栽培条件的影响收获时间会有所不同，但大致在30～60天以后就可以收获。

2 从较粗的开始收获。虽然种类不同收获标准会有所不同，但冒出土壤的根部的直径达3cm左右时就可以收获。

Q 小红萝卜播种后长出来很多芽，应该什么时候怎么给它间苗呢？

A 小红萝卜最少要间苗2次。第一次是在长出1～2片叶子时，以2～3cm为间隔间苗。第二次是在长出4～5片叶子时，以10cm为间隔间苗。如果间苗做得不好，根部会长得很细长，而不是圆圆的模样。

叶片与根部都可以食用的**芜菁**

芜菁的原产地是地中海沿岸地区，适合在阴凉的气候中生长。50~60天即可收获，因此可以分多次种植，这样就可以持续收获很长时间。虽然在春天和秋天都可以种植，但对初学者来说最好选择不易出现病虫害的秋天。根的颜色有白色、紫色、紫红色、红色等，样子也有球形、圆柱形等很多种。根部含有维生素B、膳食纤维、淀粉分解酶等，叶片中含有各种无机质、维生素等，能促进消化，提神醒脑。

◆ **种类** 大致可分为欧洲系、东洋系、中间系
根的颜色有白色、紫色、紫红色等，呈球形、圆柱形等形态

◆ **特征** 适合在湿度适当以及温暖的气候下栽培

分类（科名） 十字花科
营养成分 维生素B、各种无机质
食用方法 沙拉、泡菜

栽培信息	栽培难度	所需光照量	适合生长的温度
	★★★	★★★	15~20℃
	适合的容器大小	常见病虫害	收获所需时间
	深度在15cm以上	根瘤病、小菜蛾、蚜虫等	7~8周

栽培时间	栽培	1月	2月	3月	4月	5月	6月	7月	8月	9月	10月	11月	12月
	春季播种												
	收获												
	秋季播种												
	收获												

栽培日志	1周	3周	6周	9周
	播种 间苗	间苗 施肥	间苗	收获

栽培过程

+准备用品 芜菁种子、栽培容器、床土、苗铲、洒水壶

1 播种

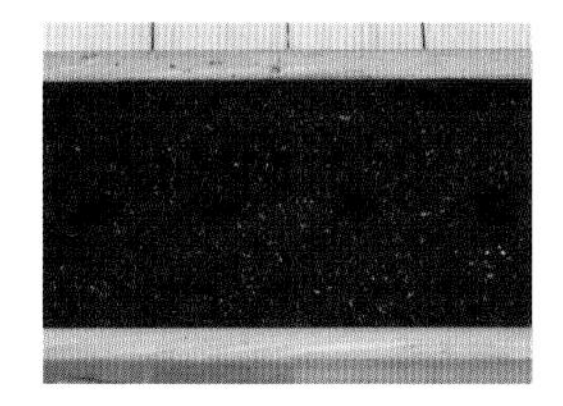

1 芜菁的根部会长得很长，因此要使用有一定深度的栽培容器。挖出四周间隔为5cm，深度为5mm左右的种洞。

2 在种洞内放入2~3颗种子。用土轻轻盖上种洞，然后拍几下。

3 适量浇水，使土壤表面湿润。

4 发芽后就要间苗，只保留健壮的植株，去掉交叠在一起的叶片。要注意保证叶片之间的间隙。

2 管理

1 长出1~2片叶子时，以2~3cm为间隔扩大植株间空间。长出2~3片叶子时以6cm为间隔扩大植株间的空间。

2 最好在播种1个月后施肥。可以轻轻地播撒缓效性肥料，或使用液肥。

3 要在土壤表面变干前充分地浇水。干燥会导致根部开裂。

3 收获

1 虽然受种类影响有所差异，但在播种50~60天后就可以收获。

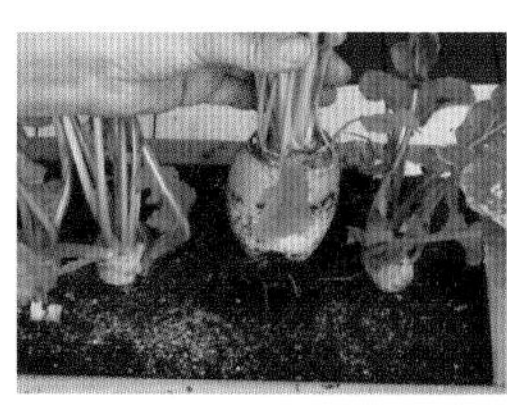

2 从长得比较粗的开始依次收获。当露在土壤外面的根部的直径达到5cm左右时就可以收获了。

Q 收获了芜菁，但是根部开裂了，是何原因呢？

A 芜菁根部开裂的原因有很多种。可能是在栽培期间土壤过于干燥，或者没有适时地进行间苗，或者缺少肥料，也有可能是因为收获太晚。因此在栽培期间要防止土壤变得干燥，一旦土壤表面开始变干就要充分地浇水，并且要根据繁育的阶段适当地间苗。同时要适当用肥，在收获的最佳时期及时收获。

颜色独特，为料理添香的**甜菜**

甜菜的原产地是欧洲以及非洲，喜欢阴凉的气候。抗寒能力强，但抗热能力差。富含有机质，喜欢排水好的土壤，在酸性土壤中不易发芽，很难生长。甜菜的根部中含有大量使其呈现独特颜色的甜菜红成分。甜菜的糖分含量很高，富含维生素A以及大量的钾。因其独特的颜色，常被用在料理中，或作为食用色素使用。

分类（科名） 藜科
营养成分 甜菜红
食用方法 沙拉、腌菜、泡菜

◆ **种类** 根的形状有圆形和长条形，根部呈圆形的主要是早生种，栽培时间为60～70天，长条形的是晚生种，大约需要100天
要选择形状与大小均衡以及抗病能力强的品种种植

◆ **特征** 1颗种子一般可以长出2~3个芽
植株间的距离过小会导致其无法正常生长，因此要选择有一定深度的较宽的容器
忌地现象（接连种植作物时会出现作物的繁育状态明显变差的现象）较为严重，因此不可以在种完菠菜后立即种植甜菜

栽培信息	栽培难度	所需光照量	适合生长的温度
	★★☆	★★★	15~21℃
	适合的容器大小	常见病虫害	收获所需时间
	深度在20cm以上	立枯病、褐点病、蚜虫等	10周

栽培时间	栽培	1月	2月	3月	4月	5月	6月	7月	8月	9月	10月	11月	12月
	春季播种												
	收获												
	秋季播种												
	收获												

栽培日志	·1周	3周	6周	9周
	播种 发芽 间苗	间苗 施肥	间苗 施肥	收获
	2周	4周	6周	8周
	插秧	施肥	施肥	收获

栽培过程

准备用品 甜菜种子、栽培容器、床土、苗铲、洒水壶

1 挖出四周间隔为5cm，深度为15mm左右的洞。

2 每个洞内放入2～3颗种子。轻轻地用土盖上洞后拍打几下。

3 一天浇水1～2次，水量要充足。

4 要间苗，保证叶片之间互不重叠。

2 管理

1 浇水的时候要保证栽培容器中的土壤充分浸湿。同时要保证水能顺利地从栽培容器中流出。

2 最好在播种约20天后施肥。可以轻轻地播撒缓效性肥料或使用液肥。最后轻轻地盖上土壤。

3 收获

1 虽然受种类影响会有所不同，但播种约70天后即可收获。根部长到小番茄那么大的时候就可以收获了。

2 虽然受种类影响会有所不同，但大致在露出土壤的根部的粗细（直径）到达6～7cm时即可收获。

Q 甜菜应该什么时候间苗？如何间苗？

A 甜菜要间苗3次左右。第一次是在长出1～2片叶子时，第二次是在长出4～5片叶子时，第三次是在长出6～7片叶子时。

火辣辣的**辣椒**

在韩国最受欢迎的果菜代表就是辣椒。辣椒富含维生素A与维生素C，有提高免疫力的作用，而且释放辣味的辣椒素能够增加热量的消耗，对减肥释放压力、抗癌都有卓越的效果。与观赏用的室内植物相比，蔬菜的生长需要更多的阳光，因此在室内种植蔬菜并非易事。尤其是果菜，由于结果所需的光照量很多，因此在种植时要先考虑种植的场所，再选择合适的作物。将辣椒秧种在大的栽培容器或二次利用的泡沫箱中，经过4周左右就可以收获了。

◆ **种类** 根据辣味与果实形状可以分为很多种
抗病虫害能力强的品种便于管理

◆ **特征** 要选择根部与叶片厚实，不受病虫害或干燥等条件影响的秧苗
由于栽培时间较长，要注意养分的管理
必须充分地接受阳光才能结果
为了防止植株歪倒，需要竖立支架

分类（科名） 茄科

营养成分 辣椒素、维生素A、维生素C

食用方法 青辣椒、红辣椒、辣椒粉

栽培信息	栽培难度	所需光照量	适合生长的温度
	★★★	★★★	白天25~30℃、晚上18~20℃
	适合的容器大小	常见病虫害	收获所需时间
	7号栽培容器 （直径22cm×深度21cm）或以上	蚜虫、螨虫、桑蓟马、疫病、炭疽病	种子：青辣椒14~16周、红辣椒18~20周 秧苗：青辣椒4~6周、红辣椒8~10周

栽培时间	1月	2月	3月	4月	5月	6月	7月	8月	9月	10月	11月	12月
播种												
插秧												
收获												

栽培日志	1周	2周	3周	4周	5周	6周	7周
	播种 间苗 主叶展开	施肥 施肥	第一次开花 施肥	第一次收获 施肥	施肥 施肥	施肥	施肥
	插秧 第一次开花	第一次收获 施肥	施肥 施肥	施肥	施肥 施肥	施肥	施肥

栽培过程

准备用品 辣椒秧苗、栽培容器、床土、洒水壶、支柱、支柱绳

1 插秧

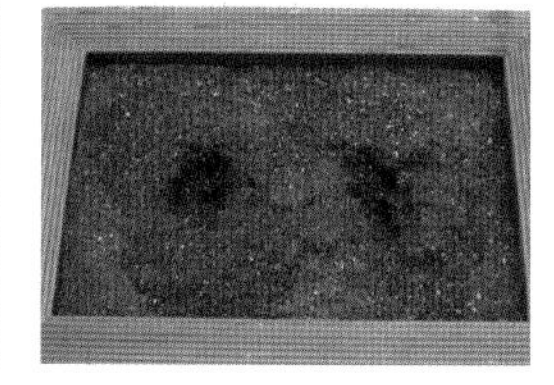

1 挖出足够放入秧苗的洞。间隔最好为3cm左右。

2 根据栽培容器的大小插入秧苗。

3 填土，保证秧苗的根部与土壤能够密切贴合。

4 充分浇水，防止土壤干燥。

2 管理

1 在辣椒茎的旁边插入支柱，用支柱绳捆绑好。

2 辣椒的栽培时间较长，因此要做好水分与养分的管理。最好在播种或插秧1个月后施肥。轻轻地播撒缓效性肥料或使用液肥。

3 收获

1 开花约1个月后就可收获青辣椒。

2 开花40～50天后就可以收获了。果实是辣的，随着时日的增加以及温度的增高，辣味会更加强烈。

Q 阳台上种的辣椒叶子长得挺大，花也开了不少，但是没有结果，为什么？

A 辣椒的雌花和雄花长在同一朵花里，可以靠自己完成授粉，正常条件下是不需要人工授粉的。但是如果光照不足，或温度过高、过低，植株则会受环境的影响无法正常生长。虽然已经开花，但是花粉没有长好的话，也会没有授粉能力，从而导致无法结果。特别是在阳台上种植时，由于光照不足，或者没有开窗而导致温度和湿度过高时，授粉会无法进行，也就无法结果。也就是说，如果想种好辣椒，就必须创造能够种好辣椒的环境。

首先，要保证光照。如果光照不足，则送往果实的养分（光合作用的产物）就会不足，导致果实无法长大。要经常开窗使其接受直射光线的照射。第二，要管理白天及夜晚的温度。适合辣椒生长的温度和湿度是：白天25~30℃，晚上18~20℃，相对湿度最好在80%左右。如果湿度及温度过高，会导致植株变弱。在30℃以上的环境中花粉的性能会变差，果实容易掉落。上午8～10点是开花以及释放花粉等活动较为活跃的时间，这段时间要保证良好的通风，可以通过摇晃植株或茎部来帮助其授粉。

既能生吃又能熟食的**番茄**

番茄被美国“时代”周刊选为21世纪的最佳食品，是含有对人体有益的成分的果蔬。番茄中的抗酸化番茄红素，有防止老化的作用，同时还有抗癌效果。对糖尿病、骨质疏松、成人病等也有预防作用。和辣椒一样，想结出果实必须接受大量的光照，因此一定要在光照充足的地方栽种番茄。

- **分类（科名）** 茄科
- **营养成分** 番茄红素、维生素A、维生素C
- **食用方法** 生吃、果汁、沙拉

◆ **种类** 根据成熟度以及果实的形状可以分为完全成熟型、未成熟型、串番茄以及樱桃番茄4种

由于番茄不适合在低温或高温环境中结果，因此最好选择能够较好地抵抗不良环境以及病虫害的品种种植

◆ **特征** 要选择根部及叶片厚实，不受病虫害或干燥等条件影响的秧苗

由于番茄喜欢强烈的光照，要保证其充分的光合作用

开花与植株的生长同时进行，要保证二者之间互相协调

为防止植株歪倒，需要竖立支柱

栽培信息	栽培难度	所需光照量	适合生长的温度
	★★★	★★★	白天25~30℃、晚上18~20℃
	适合的容器大小	常见病虫害	收获所需时间
	7~8号栽培容器或以上	温室白粉虱、蚜虫、桑蓟马、疫病、病毒	种子：11~12周　秧苗：7~8周

栽培时间	栽培	1月	2月	3月	4月	5月	6月	7月	8月	9月	10月	11月	12月
	播种			■									
	插秧				■	■							
	收获						■	■	■	■			

栽培日志	1个月	2个月	3个月	4个月	5个月
	播种 间苗 主叶展开 施肥	第一次开花 施肥	第一次收获 施肥	施肥	施肥
	插秧 第一次开花	施肥 第一次收获 施肥	施肥	施肥	施肥

栽培过程

+准备用品 番茄秧苗、栽培容器、床土、苗铲、洒水壶、支柱、支柱绳

1 插秧

1 挖出足够放入秧苗的洞。间隔最好为30cm左右。

2 根据栽培容器的大小插入秧苗。在阴凉处不易生长，因此要放在光照充足的地方。

3 轻轻地填入土壤进行固定，保证秧苗的根部和土壤密切地贴合。

4 番茄的茎与叶片的90%以及果实的95%都是水分，因此要充分地浇水。

2 管理

1 由于番茄长得比较高，因此要利用木棍等竖立支架。

2 要充分地浇水，防止土壤表面变干。在植株水分含量较高的上午，修剪从主干伸出的侧枝。使用剪刀容易导致病毒传染，因此要用手推着一次摘掉。

3 收获

1 授粉3～5天后开始结出果实，低温下45～50天，高温下35～40天即可收获完全成熟的果实。

Q 购买番茄秧苗的时候需要注意哪些问题？

A 购买秧苗时要注意检查叶子是否紧紧贴合，节的长度是否过长，间隔是否一致，叶片颜色是否浓厚，有没有被病虫害侵害，以及断根处理（移植作物时事先剪断根部，让它长出须根以提高移植的成功率的方法）是否已经做好，根部颜色是否为白色，根毛是否发达等。

Q 要把长得很健壮的侧枝也去掉吗？

A 为保证主茎的茁壮生长，需要去掉侧枝。去掉侧枝可以保证果实生长良好，还能接受更多的光照，减少病虫害。

甜甜的、香气浓厚的红色**草莓**

草莓是一种根部延伸得较浅的浅根性作物，喜好阴凉的气候。属于多年生果菜。在夏季的高温中或干燥的土壤中适应性较差，因此必须在多少有些潮湿的环境中种植。在低温、短日照的条件下，花芽会分化，分化所需的最少的短日照周期是14 ~ 16周。此后春天到来，形成高温长日照条件，开花结果。草莓的果实中富含维生素C，可以作为甜点食用，也可以做成草莓酱、草莓果汁等。

- **种类** 根据草莓结果的时间可以分为秋季草莓和夏季草莓
  对不良环境的适应性强、抗病虫害能力强、抗生理障碍强的品种会比较便于种植
- **特征** 要选择根部与叶片厚实，不易受病虫害或干燥等条件影响的品种
  要种得浅一些，保证冠部露在土壤外面
  秋季要保证根部充分地伸展以迎接冬天的到来
  虽然草莓喜欢肥沃的土壤，但是施肥过多会导致生长停滞

分类（科名）	蔷薇科
营养成分	维生素C
食用方法	生吃、果汁、果酱

栽培信息	栽培难度	所需光照量	适合生长的温度
	★☆☆	★★★	17~20℃
	适合的容器大小	**常见病虫害**	**收获所需时间**
	7~8号栽培容器或以上	蚜虫、螨虫、灰霉病、白粉病	28~32周

栽培时间	栽培	1月	2月	3月	4月	5月	6月	7月	8月	9月	10月	11月	12月
	播种									■	■		
	收获（翌年）					■	■						

栽培日志	1个月	2个月	3个月	4个月	5个月	6个月	7个月	8个月
	插秧	休眠		施肥	第一次开花 施肥		第一次开花	

栽培过程

准备用品 草莓秧苗、栽培容器、床土、苗铲、洒水壶、刷子

1 插秧

1 在栽培容器中填入2/3左右的土壤，挖出能放入秧苗的洞。

2 秧苗埋得过深会导致新芽无法长出，因此不要埋得太深，要保证冠部（秧苗的根与茎相接的部分）露在土壤外面。

3 填入土壤，按好周围的土壤。

2 管理

1 草莓喜水，要充分给水，保证土壤表面不会干燥。

2 在11月的下旬至12月上旬要施肥一次，翌年的1月下旬至2月上旬施第二次肥。将缓效性肥料轻轻地撒在土壤表面，防止肥料沾到根部或叶片上。

3 收获

1 经过2～3个月后会开花，长出新的芽。种植阳台蔬菜时要使用刷子进行人工授粉。

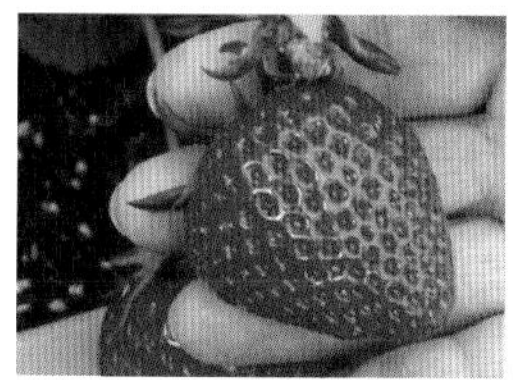

2 开花30～40天后就可以收获果实了。

Q 草莓秧苗可以直接种植吗？

A 4~5月购买的带有花朵的草莓秧苗可以作为母株使用。6～7月会从母植株长出新的小植株，收获一次以后还可以结果，因此可以利用小植株种植。挑选从母植株中长出来的小植株，放入装了土壤的栽培容器中种植。当小植株长出3～4片叶子，并且用手轻拽，根部不会被拔出时就可以用剪刀修剪，左右保留3cm即可。继续对小植株进行栽培，可以将其作为草莓秧苗使用。

Tip 给草莓照射人造光

草莓需要接受大量的光照才能长出优质的果实。如果光线不足可能导致花朵在开放后凋落，或者导致果实长不大。在这种情况下给草莓照射类似LED的人造光可以明显地增加收获量。

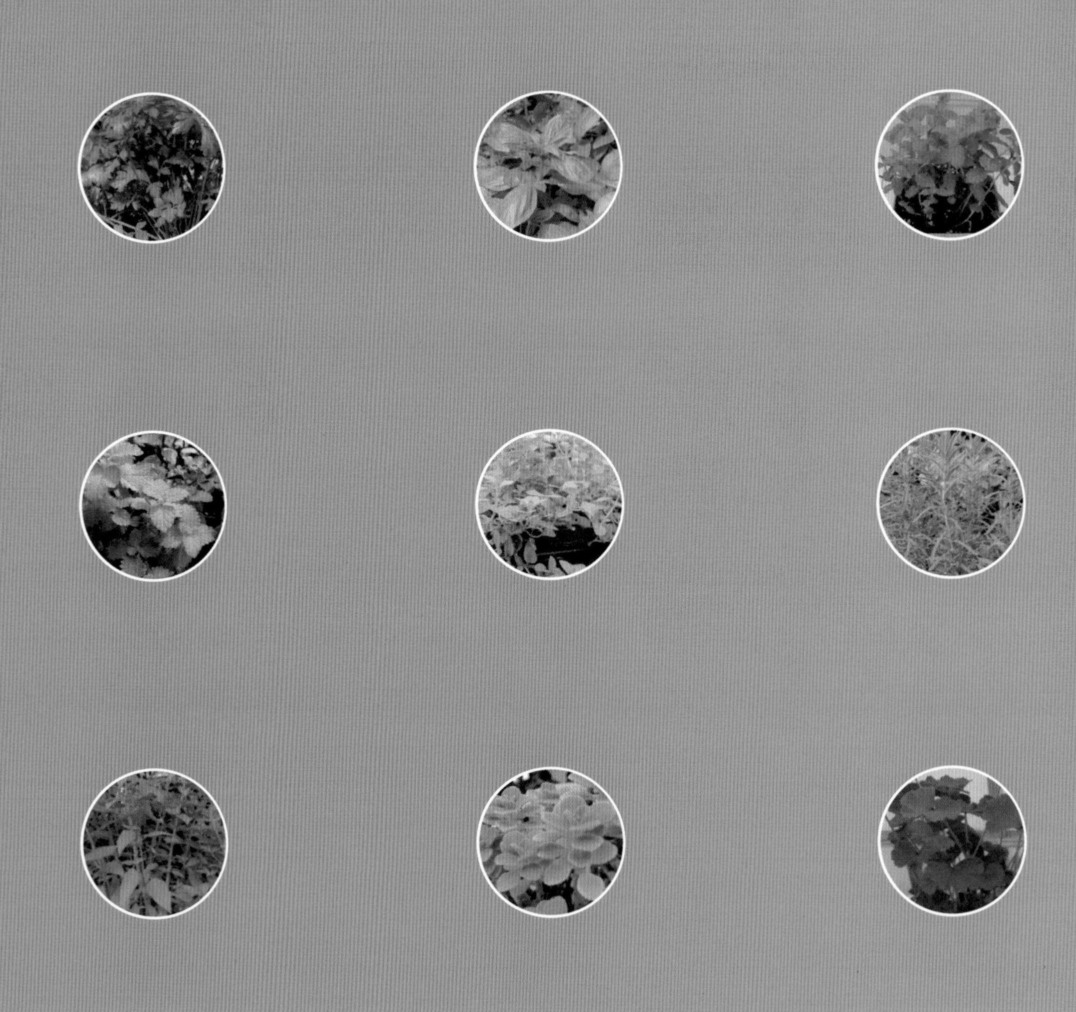

Part 7

香草

荷兰芹 / 罗勒 / 薄荷

香蜂草 / 牛至 / 薰衣草

鼠尾草 / 碰碰香

斗篷草 / 天竺葵

细香葱 / 锦葵

常用于料理装饰的**荷兰芹**

荷兰芹的原产地是欧洲中南部以及非洲，属于两年生草本植物。在古代被用来预防食物中毒以及缓解宿醉。据说，古希腊时荷兰芹会被制成头冠授予获胜的人。现在人们是将荷兰芹做成粉末后加入汤、沙拉、海鲜、肉类、土豆等各种料理中作为装饰。春季可以使用新鲜的叶子，秋季可以使用干燥后的叶子，一年内各个时节均可食用。荷兰芹含有维生素C、钙以及铁等多种营养成分。

◆ **种类** 叶用（卷曲的叶片、舒展的叶片）、根用

◆ **特征** 属于喜冷性蔬菜，最低温度5℃，0℃以下叶片会冻伤
喜欢半阴凉的潮湿地区，在阳台上生长得很好，只要供给足够的水分就可以轻松地种植
发芽时间需要4~6周，有光时发芽，属于好光性种子

分类（科名） 伞形科
营养成分 维生素A、维生素B、维生素C、铁、钙、镁、磷、硫黄、钾
食用方法 汤类、沙拉、料理装饰

栽培信息	栽培难度	所需光照量	适合生长的温度
	★★☆	★★☆	15~25℃
	适合的容器大小	常见病虫害	收获所需时间
	深度在7cm以上	蚜虫、温室白粉虱	秧苗：3~4周

栽培时间	栽培	1月	2月	3月	4月	5月	6月	7月	8月	9月	10月	11月	12月
	插秧												
	收获												

栽培日志	1周	2周	3周	4周	5周	6周
	插秧		收获		施肥	

栽培过程

准备用品 荷兰芹秧苗、栽培容器、床土、排水网、洒水壶、苗铲

1 插秧

1 准备好秧苗、栽培容器、床土、苗铲、排水网等。

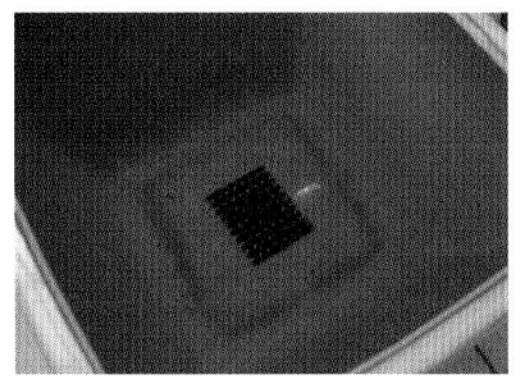

2 用排水网将栽培容器的大孔堵上。

3 在充分考虑了放入秧苗的空间后适当地填入土壤。

4 将秧苗排列好并插入，用土壤将秧苗间的空隙填起来。

2 管理

1 要定期对生长时间较长的叶片进行整理，保证能够持续长出新的叶片。

2 为防止土壤表面变干，每天要浇水1~2次。

3 当荷兰芹的叶片开始生长时就要施加液肥了。

3 收获

1 当叶片长到15片以上时就可以从边叶开始收获了。可以随时收获并作为包饭蔬菜食用。

Q 请问荷兰芹都有哪些种类?

A 荷兰芹可以分为两大类，一种是叶片舒展、平坦的意大利式荷兰芹，一种是叶片弯曲的荷兰芹。意大利式荷兰芹对环境有很强的耐性，因此适合种植，而且香气浓郁。叶片弯曲的荷兰芹就是我们较为常用的荷兰芹，主要用作料理装饰。

Q 应该如何利用荷兰芹呢?

A 收获下来的荷兰芹可以使用其新鲜的叶片，也可以晾干后研成粉末使用。晾干时要冲洗干净后平铺在厨房毛巾上，防止灰尘进入。干到发脆时就可以将叶片放在一起做成粉末，装在玻璃瓶或塑料袋中，密封好进行冷藏保存，这样就可以使用很长时间。在料理最后收尾时加入荷兰芹粉末不仅可以起到装饰作用，增加美感，还能够添加香气。如果荷兰芹长时间受热，则香气会消失，因此需要在料理制作结束时加入。

与番茄天生一对的**罗勒**

罗勒与番茄是不可分割的天生一对。它的原产地是亚热带地区，在热带地区茎部会木质化，属于一年生植物。只要种一盆罗勒就能满足料理的不时之需了。与晾干后的罗勒相比，新鲜的罗勒叶风味与香气更好，因此多用在意大利面、比萨、沙拉中。

◆ **种类** 甜罗勒、紫花罗勒、灌木罗勒、柠檬罗勒

◆ **特征** 罗勒在光照不足的条件下也可以生长得很好，因此适合在阳台上种植

罗勒的抗寒性差，属于无法越冬的一年生植物

种子发芽速度很快，因此要根据生长速度更换更大的栽培容器

一旦长出花芽，叶片就不再生长，考虑到收获量要及早掐芽并摘除花蕾。部分观赏用的菜种也可以保留

加热会减弱风味与香气，因此要在料理的最后加入罗勒

分类（科名） 唇形科

营 养 成 分 磷、钾、维生素A

食 用 方 法 意大利面、汤类、沙拉、肉类料理、海鲜料理

栽培信息	栽培难度	所需光照量	适合生长的温度
	★☆☆	★☆☆	15~23℃
	适合的容器大小	常见病虫害	收获所需时间
	深度在10cm以上	蚜虫	种子：4~8周，秧苗：2~4周

栽培时间	栽培	1月	2月	3月	4月	5月	6月	7月	8月	9月	10月	11月	12月
	播种												
	插秧												
	插条												
	收获												

栽培日志	1周	2周	3周	4周	5周	6周
	播种 发芽					收获
	插秧			收获		施肥

栽培过程

准备用品 罗勒秧苗、栽培容器、床土、珍珠岩、苗铲、洒水壶、排水网

1 插秧

1 准备好秧苗、栽培容器、床土、苗铲、排水网等。

2 把排水网放到栽培容器的孔上，用珍珠岩填满容器的1/3~1/2。

3 适当填入床土，从育苗器中取出秧苗。

4 插好秧苗后，用周边的土壤将秧苗间的空隙填起来。

2 管理

1 要定期修剪枝条，以保证叶片旺盛生长，以及防止枝条向上生长。

2 夏季长出花轴时不可以放置不管，要将其修剪掉。开花会导致可收获的叶片量减少，并使叶片出现苦味。

3 罗勒喜水，因此要充分浇水，保证土壤足够湿润。

3 插条

1 罗勒比较容易插条。先剪下茎部，然后修剪叶片。由于没有根部，会最大程度地减少蒸散量。

2 向床土内浇水后将剪下来的茎部插入。到生根前为止需要将其放置在阴凉处。

4 收获

1 过老的叶片香气浓重，并且较为粗糙，因此最好使用较嫩的叶片。最好在新鲜的时候食用，也可以将其干燥或冷冻，便于冬季使用。

2 花朵凋零以后，如果放置不管叶片就会变干、变脆，这时可以取种子便于翌年使用。

Q 罗勒可以通过播种栽培吗?

A 罗勒的种子非常小。浅浅地撒一层种子，经过5~7天的光照就可以发芽。将种子泡在水中的话，种子会出现果冻模样的黏膜，在泰国、越南等国家这种果冻状的种子常在饮料或甜点中使用。

Tip 制作充满罗勒香气的卡普列塞沙拉

卡普列塞沙拉不仅易于制作，而且外形非常美观，适合用来招待客人。首先将番茄切片，用盐稍微腌一下。然后将莫扎瑞拉奶酪切片，将番茄片和奶酪片按照顺序一层一层地装到容器中，洒上橄榄油。最后用黑葡萄醋和奶油进行装饰后放上罗勒叶子。罗勒、奶酪、番茄的融合会让你品尝到更加嫩滑的味道。

令人神清气爽的**薄荷**

薄荷是地中海沿岸的多年生草本植物，首先在欧洲地区开始栽培。根据香气与叶片的颜色、形状等可分为很多品种。薄荷的新鲜叶子以及晾干后的叶子都可以使用，主要用在汤、沙拉、酱汁、肉类等料理中。在料理结束时放入薄荷能让薄荷的清香更加浓厚。您可以尝试在一个栽培容器中栽培多种薄荷，既能感受多种香气，又可以欣赏多种色彩。

◆ **种类** 胡椒薄荷、绿薄荷、苹果薄荷、巧克力薄荷

◆ **特征** 较易种植、适合在潮湿的土壤中生长
可以使用匍匐茎插枝或分株进行繁殖。由于遗传上的驳杂性，种下的种子不一定是相对应的薄荷

分类（科名） 唇形科
营养成分 维生素B、维生素C、钙、铁
食用方法 包饭、沙拉、饮料

栽培信息	栽培难度	所需光照量	适合生长的温度
	★★★	★★★	15~23℃
	适合的容器大小	常见病虫害	收获所需时间
	深度在10cm以上	温室白粉虱、蚜虫	秧苗：3~4周

栽培时间	栽培	1月	2月	3月	4月	5月	6月	7月	8月	9月	10月	11月	12月
	插秧												
	插条												
	收获												

栽培日志	1周	2周	3周	4周	5周	6周
	插秧		收获		施肥	收获

栽培过程

+ 准备用品 薄荷秧苗、栽培容器、床土、苗铲、洒水壶

1 准备好秧苗、栽培容器、床土、苗铲、洒水壶等。

2 往栽培容器内放入适量土壤。

3 从育苗器中取出秧苗，放入栽培容器中。

4 插入秧苗后盖上土壤。使用苗铲或筷子可以更方便地填土。

2 管理

1 要经常浇水，防止土壤表面变干。薄荷对干燥环境的适应能力强，不易死亡。

2 在栽培期间要充分地补充养分。

3 收获

1 需要时即可摘下较嫩的叶片使用。可以直接使用，也可以放在塑料袋中进行冷藏保管，延长使用时间。

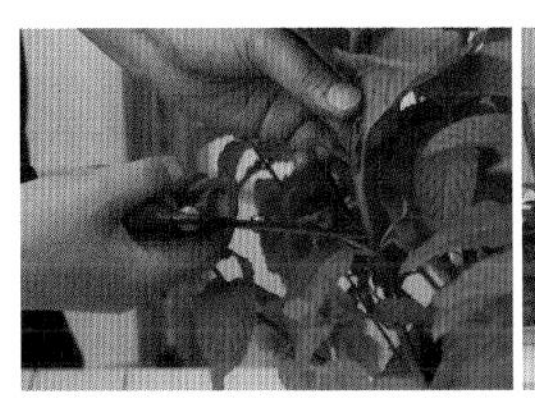

2 如果想不定期性地进行收获，就需要时常修剪。有时会发现茎开始慢慢变长、叶片变短，这时就需要果断地将1/3～1/2的较乱的枝条进行修剪，以保证新鲜叶片能够长出来。

3 收获后要放置在通风好的地方3～4天，进行晾干。

Q 应该如何管理薄荷茎部呢?

A 薄荷的茎会向地上生长并延伸（匍匐茎），然后在土壤中生根。有时候茎在向上生长的过程中会掉落下来，这时就需要将其铺放在床土表面，轻轻盖上一层土使其生根。要定期地进行修剪，剪掉杂乱无章以及变成褐色的部分。

充满柠檬香味的**香蜂草**

香蜂草在可以在阳台上种植的香草中属于较易栽培的种类，因此推荐初学者种植。它的原产地是地中海地区，由阿拉伯商人带入欧洲，而后传播开来。具有很强的抗寒以及抗湿能力，并且在梅雨季节也能获得良好的生长。香蜂草的药用价值不可小觑，它可以用来安定心神、解热、解毒等，既可以泡成热茶，又可以用作冷饮，还能用在黄油、食醋、护发素中。

◆ 特征 香蜂草能够很好地适应阴凉、高温、潮湿、干燥、低温的环境，因此非常易于种植。香蜂草具有良好的抗旱性，即使在野外也能生长得很好

香蜂草和其他香草相比具有更强的耐湿能力，但是给水过多会导致其香气减弱，并且根部有可能会腐烂，因此要特别注意。用手触摸栽培容器表面的土壤，如果感到有些干燥，就可以浇水了

可以通过种子、分株、插条的方式繁殖

分类（科名） 唇形科
营养成分 丁子香酚、多酚、单宁
食用方法 沙拉、茶、饮料、调味汁

栽培信息	栽培难度	所需光照量	适合生长的温度
	★☆☆	★☆☆	15~23℃
	适合的容器大小	常见病虫害	收获所需时间
	深度在10cm以上	温室白粉虱	秧苗：3~4周

栽培时间	栽培	1月	2月	3月	4月	5月	6月	7月	8月	9月	10月	11月	12月
	播种												
	插秧												
	插条												
	收获												

栽培日志	1周	2周	3周	4周	5周	6周
	播种	发芽	间苗			施肥
	插秧				施肥	收获

栽培过程

准备用品 香蜂草秧苗、栽培容器、床土、珍珠岩、排水网、苗铲、洒水壶、剪刀

1A 插秧

1 准备好秧苗、栽培容器、床土、苗铲、排水网等。

2 用排水网盖住栽培容器底部的大孔，将床土与珍珠岩混合后放入栽培容器中。

3 对秧苗根部进行修剪，以保证植株能够较好地生根。如果根部缠绕在一起的情况较为严重，则需要将土壤抖掉，修剪缠绕在一起的部分。

4 将秧苗排列在栽培容器中，用土壤将秧苗之间的空隙填起来。填土时可以借助苗铲或筷子。

1B 插条

1 把茎部剪成5~7cm长的小段。

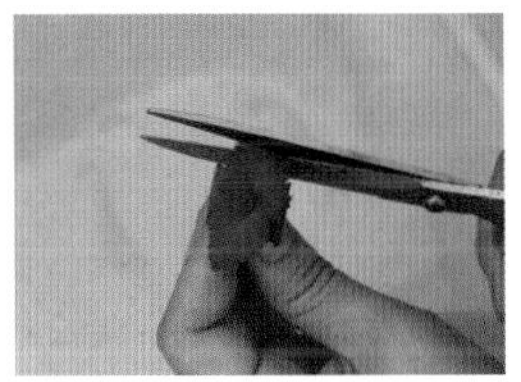

2 一直到生根前为止，为了减少蒸散量要将大的叶片剪得小一些。

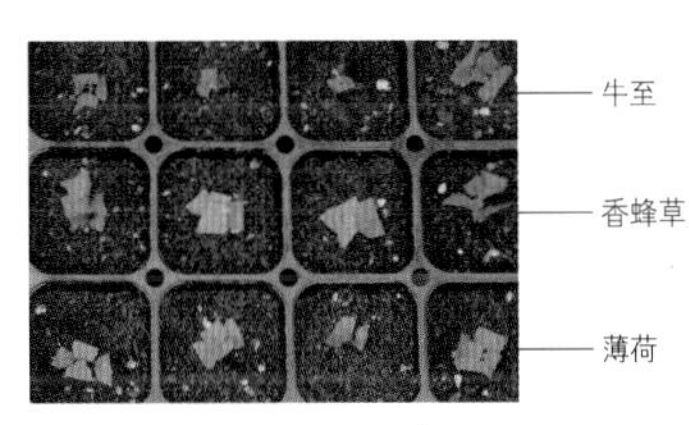

3 插入湿润的床土中并浇水。经过10天左右即可生根。

2 管理

1 香蜂草喜欢水分充足的条件，因此要留心浇水的时间间隔，防止土壤干燥。在过于潮湿的环境中，根部可能会腐烂，因此在梅雨季节要格外注意。冬季要选择在气温稍高的上午浇水，防止栽培容器内的土壤变干。晚上浇水可能会冻住，因此要注意。

2 如果土壤中的肥料过少，或者过于干燥，则叶片会变黄。可以在香草的周围撒上效果持续时间较长的固体缓效性肥料。

3 收获

1 需要时可以随时摘取叶片。从早春到秋季，包括嫩叶在内的嫩茎都可以食用。

Q 为什么香蜂草的叶子变成了黄色，叶片背面变成了紫色呢？

A 香蜂草的叶片在秋天会变黄，并且叶片背面呈紫色。可以称其为一种枫叶。如果阳台上较冷，则叶片与茎部会凋落，只剩下根部。如果阳台上较为温暖，则会在留有叶片的状态下过冬。要根据阳台的环境对枝条进行适当地修剪，以保证其安全过冬。要尽量将植株放在一个固定的地方，使其适应环境，同时要保证植株能够多接受一些光照。要注意保证充足的营养。土壤在冬天的夜晚保温效果较差，因此冬天最好在上午浇水。

晾干后可以长久使用的**牛至**

牛至的香气与薄荷类似，因此常被叫作“花薄荷”。它既有甜甜的味道，又有一股强烈的辣味、苦味。和罗勒一样是一种非常适合与番茄搭配的香草，在比萨、沙拉调味料中很常见。唇形科植物的特点是茎的断面呈四角形，叶片相对，开圆锥花。在唇形科植物中，牛至的抗酸化功能很强，可以用来杀菌、保健。干燥后香气更浓，因此可以在干燥后进行冷冻保管，便于使用。

◆ **特征** 牛至的抗旱和耐热性强，属于多年生草本植物。叶片的形状像鸡蛋，末端较尖，茎部下垂，可以作观赏用植物
种子在温暖的环境下较易发芽，发芽需要3~4周
牛至喜欢干燥的环境，因此在梅雨季节要注意保证其不会过于潮湿

分类（科名） 唇形科
营养成分 钾、钙、磷
食用方法 海鲜料理、肉类料理、番茄料理、比萨、意大利面

栽培信息	栽培难度	所需光照量	适合生长的温度
	★★★	★★★	15~23℃
	适合的容器大小	常见病虫害	收获所需时间
	深度在10cm以上	-	秧苗：3~4周

栽培时间	栽培	1月	2月	3月	4月	5月	6月	7月	8月	9月	10月	11月	12月
	插秧												
	插条												
	收获												

栽培日志	1周	2周	3周	4周	5周	6周
	插秧		收获			收获

栽培过程

✚ **准备用品** 牛至秧苗、栽培容器、床土、珍珠岩、排水网、洒水壶、剪刀

1 准备好秧苗、栽培容器、床土、苗铲、洒水壶等。可以选择深度较深的栽培容器，这样可以欣赏到牛至下垂时的景象了。

2 用排水网盖住栽培容器的大孔，在床土内掺入30%左右的珍珠岩后填入栽培容器中。

3 从育苗器中取出秧苗，根据大小与形态排列好。

4 用土将秧苗之间的空间填起来。填土时使用苗铲或木筷会更方便一些。

1B 插条

1 将茎剪成5~7cm长的小段。

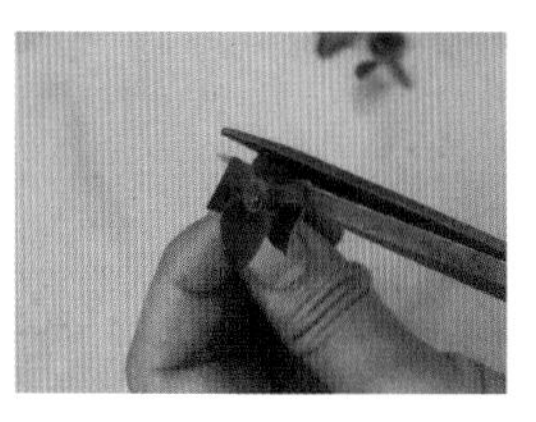

2 一直到生根前为止，为了减少蒸散量，要将大的叶片剪得小一些。

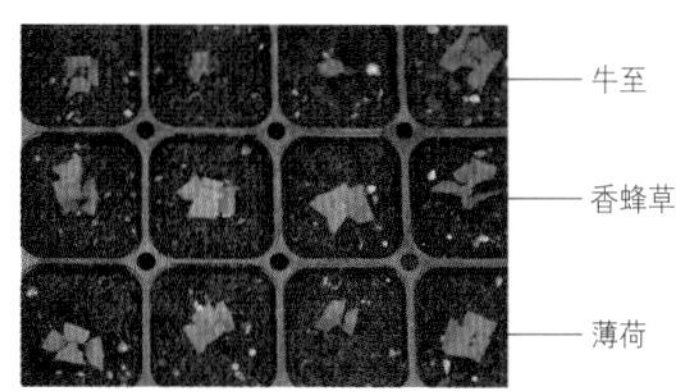

3 把茎段插入潮湿的床土中并浇水。经过10天左右即可生根。

2 管理

1 牛至没有固定的收获时间，需要时随手掐取即可使用。

2 要时常掐芽才能维持牛至美好的形态。

3 收获

1 牛至在开花前香气最好，最适合收获。修剪时要保留10~20cm的植株。

2 将收获后的牛至晾干，可以作为调味品使用。

Q 怎样对牛至进行干燥处理呢?

A 干燥后的牛至叶片的风味要胜于新鲜的叶片。干燥以后精油成分也几乎能够全部保存下来，因此是适合干燥后使用的香草。在繁育旺盛的时期收集牛至的叶子并做干燥处理，可以长年使用。香草在长出花蕾前所含有的精油是最丰富的，因此最好在开花的7~8月收获。可以将地面以上5~8cm的部分剪下来，捆扎成束并晾干，也可以将牛至铺在纸上晾干。要放置在室内通风好、没有光线直接照射的地方。等干燥到发脆时要将叶片与茎分离，防止水分进入叶片中，并装入玻璃瓶中进行保管。只要颜色与香气不发生变化，可保存1年之久。

能够缓解紧张、增添气质的**薰衣草**

薰衣草有“香草女王”之称，属于香草中的代表，主要作为香水、香料等的原料。在欧洲，薰衣草非常常见，它紫色或银色的叶片十分美丽。可以用花朵或叶片制作薰衣草茶、薰衣草盐、薰衣草油等。由于薰衣草还具有消除疲劳、缓解紧张的功效，因此也用在芳香疗法之中。

◆ **种类** 甜薰衣草、巨人薰衣草

◆ **特征** 冬天野外气温低，薰衣草很难越冬，但在阳台上还是比较容易越冬的。种植一次可以连续有6～10年的收获

在光照充足的条件下，每年都可以看到薰衣草开出白色或浅紫色的花

适合在干燥的环境中生长，因此要适当地掺入珍珠岩或沙土后种植。水分过多会导致根部腐烂，因此要注意不要太湿，同时梅雨季节要格外注意，保持干燥

不施肥料也可能生长得很好，因此可以不施肥或少施肥

从发芽到收获大约需要2年的时间，如果光照不足则可能无法收获。最好通过插条或分株的方法进行繁殖

分类（科名） 唇形科

营养成分 维生素C、铁、钾、钙

食用方法 茶、盐、油

栽培信息	栽培难度	所需光照量	适合生长的温度
	★★☆	★★★	15~23℃
	适合的容器大小	常见病虫害	收获所需时间
	深度在20cm以上	–	秧苗：3~4周

栽培时间	栽培	1月	2月	3月	4月	5月	6月	7月	8月	9月	10月	11月	12月
	插秧												
	插条												
	收获												

栽培日志	1周	2周	3周	4周	5周	6周
	插秧		收获			

栽培过程

准备用品 薰衣草秧苗、栽培容器、床土、苗铲、洒水壶、珍珠岩、剪刀

1 插秧

1 准备好秧苗、栽培容器、床土、苗铲、洒水壶等。

2 如果栽培容器较大，可以先填入1/3 ~ 1/2或珍珠岩。

3 将掺入了30%左右的珍珠岩的床土填入栽培容器中，从育苗器中取出秧苗，截断根部以促进其成活。

4 将秧苗排列到栽培容器中，用土壤将秧苗之间的空隙填起来。

2 管理

1 在水分管理方面，要保证其干燥。水分过多会导致根部腐烂，因此不可使其过于潮湿。

3 插条

1 插条要使用粗壮的茎。将茎裁成10cm左右的小段即可。

2 将要插入土壤中的长约3cm的部分清理一下。

3 将茎插入栽培容器的土壤中，放置在阴凉的地方。适当浇水，以保证其生根。如果叶片长大或者长出了新的叶片就证明插条已经成功了。

4 收获

1 需要的时候可以随时掐取新鲜的叶片使用。

Q 如何管理用于栽培薰衣草的土壤呢?

A 薰衣草适合在干燥的环境中生长。因此栽培薰衣草时最好使用打孔较多的栽培容器，或者用珍珠岩或小石子铺成排水层。在床土中掺入30%左右的珍珠岩可以保证良好的排水性以及通气性，并且能够帮助薰衣草安全度过梅雨季节。由于梅雨季节的蒸散量非常少，因此在土壤表面变干时浇水即可。

Q 薰衣草长出花轴时该如何管理?

A 薰衣草花的香气是最强的。市场上出售的薰衣草茶主要是用干燥后的薰衣草花蕾制作的。在长出花轴，仍是花蕾时收获。将收获的薰衣草在流水下轻轻地冲洗干净，晾在网上或放置在阴凉的地方风干。把风干好的花蕾取下来装在玻璃瓶中，每次取少量以热水冲泡后即可饮用。花朵掉落后要将花轴修剪干净。

常用于料理、易于栽培的鼠尾草

鼠尾草的名称具有健康、治疗的意思，最初在地中海沿岸以及欧洲南部有栽培。根据香气以及颜色等分为很多品种，包括白色、绿色、紫色三色相间的三色鼠尾草，叶片周围长有一圈金色花纹的黄金鼠尾草，呈紫色的紫色鼠尾草，以及散发菠萝香气的菠萝鼠尾草，还有带有樱桃香气的樱桃鼠尾草，样子像是嘴唇的红唇鼠尾草。鼠尾草主要取其干燥后的叶片使用，对消化系统以及神经系统治疗很有效。在一般的环境中可以成长，因此比较适合在阳台上种植。

◆ 种类　三色鼠尾草、黄金鼠尾草、紫色鼠尾草、菠萝鼠尾草、樱桃鼠尾草、红唇鼠尾草

◆ 特征　不同品种的抗寒性略有不同，但普遍不易在野外越冬。冬季要将其放置在光线较好的地方。如果根部能够存活，则会在第二年长出新芽

虽然鼠尾草喜欢光照充足的地方，但在稍微有些阴影的地方也可以生长得很好

适合在干燥的、排水性好的碱性土壤中生长

分类（科名）　唇形科

营养成分　维生素A、钙、钾、铁

食用方法　茶、肉类料理、番茄料理、汤类

栽培信息	栽培难度	所需光照量	适合生长的温度
	★★☆	★★☆	15~23℃
	适合的容器大小	常见病虫害	收获所需时间
	深度在20cm以上	温室白粉虱	秧苗：3~4周

栽培时间	栽培	1月	2月	3月	4月	5月	6月	7月	8月	9月	10月	11月	12月
	播种												
	插秧												
	插条												
	收获												

栽培日志	1周	2周	3周	4周	5周	6周
	插秧		收获			

栽培过程

+准备用品 鼠尾草秧苗、栽培容器、排水网、珍珠岩、床土、苗铲、剪刀

1 插秧

1 准备好秧苗、栽培容器、排水网、珍珠岩、床土、苗铲等。

2 如果栽培容器较大，可以先填入1/3～1/2珍珠岩。然后放入适量床土。

3 从育苗器中取出秧苗后截断根部，促进其成活。

4 将秧苗排列在栽培容器中，用床土将秧苗之间的空隙填起来。填土时可以借助木筷或苗铲。

2 管理

1 要充分地浇水，保证土壤表面不会干燥。

2 如果要将其作为多年生植物栽培，冬季的时候就需要将其放置在温暖的地方，并在春季使用缓效性肥料。如果根部已经长满栽培容器，最好进行移盆。

3 下部出现木质化时要将其剪掉，以保证能够长出新的枝条。

3 收获

1 2个月左右时的形态。高度为15～20cm时即可取其叶片使用。

2 收获的鼠尾草。花朵凋谢后要将花轴剪掉。

Q 鼠尾草可以用在哪些地方呢？

A 鼠尾草多用在肉类或汤类的调料中。可以与香肠一起制作料理，也可以和番茄酱或者奶酪之类的料理相搭配。由于香气十分浓厚，在制作料理时只要放入很少的一点即可。新鲜的叶片或干叶片都可以用来泡茶喝，和迷迭香一样具有提高注意力、强化记忆力的作用。因其在口腔、消化器官、神经系统疾病方面的药效，从很早以前开始就被作为药用植物而使用。适合肝病患者、孕妇、产妇等。

胖胖的惹人爱的**碰碰香**

碰碰香厚厚的叶片上有着如同天鹅绒般柔软的白色细毛，属于唇形科的多肉植物。由于香气和形态都与玫瑰非常相似，因此也被称为“玫瑰香草”。它可以在光线较少的地方生长，而且繁殖能力极强，非常适合在阳台上种植。碰碰香有着很好的加湿效果，冬天可以将其放置在光线较好的窗边。

◆ **种类** 玫瑰香草

◆ **特征** 最好使用掺入了磨砂土或珍珠岩的床土，方便管理

虽然碰碰香喜欢在强烈的光照下生长，但在光线稍弱的环境中也可以生长得很好，因此适合在阳台上或窗边种植

虽然碰碰香的抗寒能力较差，但在阳台上是可以越冬的

分类（科名） 唇形科

营养成分 维生素A、维生素等

食用方法 医疗用

栽培信息	栽培难度	所需光照量	适合生长的温度
	★☆☆	★☆☆	15~23℃
	适合的容器大小	常见病虫害	收获所需时间
	深度在7cm以上	温室白粉虱	秧苗：3~4周

栽培时间	栽培	1月	2月	3月	4月	5月	6月	7月	8月	9月	10月	11月	12月
	插秧												
	收获												

栽培日志	1周	2周	3周	4周	5周	6周
	插秧		收获			

栽培过程

准备用品 碰碰香秧苗、栽培容器、排水网、床土、珍珠岩、苗铲、洒水壶

1 插秧

1 准备好秧苗、栽培容器、床土、苗铲、排水网、洒水壶等。

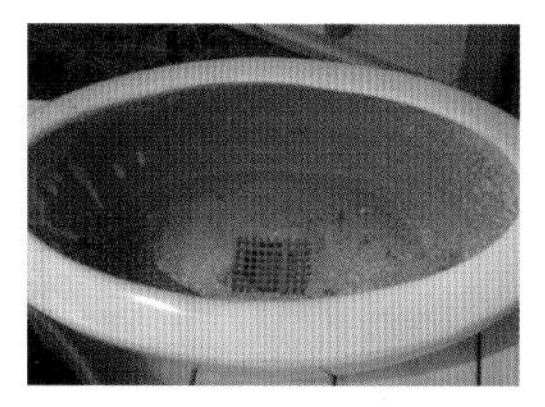

2 用排水网将栽培容器的大孔盖起来，放入混合了30%左右的珍珠岩的床土。

3 从育苗器中取出秧苗排列在栽培容器中。

4 用土壤将秧苗间的空隙填起来。

2 管理

1 出现疯长或长得很长的迹象时要对枝条进行修剪，保证植株可以向侧面生长。剪下来的枝条可以用来插条或插在水中栽培，继续繁殖。

2 水分不足会导致叶片干枯，水分过多会导致叶片变黄，因此与其他植物相比，浇水量要小一些。

3 收获

1 需要时可以随时收获。旋转茎的下部摘下即可。

Q 碰碰香的主要用途是什么？

A 碰碰香主要用于医疗方面，鼻塞或胸痛时可以将碰碰香的叶片放在鼻子前，嗅其香气可以缓解症状。也可以摘几片叶子干燥后制成粉末，嗅其香气。

优雅的女性之友 斗篷草

斗篷草的原产地是欧洲南部。由于叶片的形状像是斗篷，而且传说叶片上凝聚的水珠具有神奇的能力，因此被赋予了“圣母玛利亚的斗篷”的称号。具有缓解痛经、调节月经周期以及缓解更年期障碍等传统女性疾病的作用。同时具有止血和消毒作用，可以作为消化器官的强壮剂。叶片微皱，呈扇形，有水时叶片上会出现一颗颗水滴。

◆ **种类** 场地斗篷草、阿尔卑斯斗篷草

◆ **特征** 适合在阴凉处生长，与其他香草相比，斗篷草所需要的水分更多一些

抗寒性强，但在高温潮湿的环境中适应能力较差，因此喜欢排水好、保水性也好的土壤

多年生草本植物，5～9月开花，花朵为黄色

有些许苦味，叶片可以用来做沙拉或泡茶

分类（科名） 蔷薇科

营养成分 单宁、柳酸

食用方法 沙拉、茶

栽培信息	栽培难度	所需光照量	适合生长的温度
	★★★	★★☆	15~23℃
	适合的容器大小	常见病虫害	收获所需时间
	深度在7cm以上	–	秧苗：3~4周

栽培时间	栽培	1月	2月	3月	4月	5月	6月	7月	8月	9月	10月	11月	12月
	插秧												
	收获												

栽培日志	1周	2周	3周	4周	5周	6周
	插秧		收获		施肥	

栽培过程

+ 准备用品 斗篷草秧苗、栽培容器、床土、珍珠岩、苗铲、排水网、洒水壶

1 插秧

1 准备好秧苗、栽培容器、床土、苗铲、排水网、洒水壶等。

2 如果栽培容器较大，可以在用排水网盖住栽培容器的大孔以后填入1/3~1/2珍珠岩。

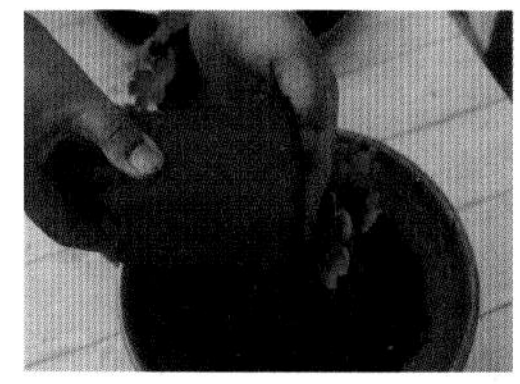

3 填入适量的土壤，从育苗器中取出秧苗，截断根部以促进其成活。

4 将秧苗排列在栽培容器中以后，用土壤将秧苗之间的空隙填起来。

2 管理

1 为防止土壤干燥，要及时确认土壤的状态并浇水。

2 剪掉已经变成褐色的老叶片以及开始干枯的花朵。

3 不需要施加肥料，只要有水分以及阳光就可以生长得很好。如果床土中所含的营养成分较少，可以稍微使用一些缓效性肥料。

3 收获

1 需要时可以随时摘下较嫩的叶片使用。

Q 如何利用斗篷草呢？

A 斗篷草对妇科疾病有着很好的效果，因此又被叫作“女性之友”。开花以后将花轴剪下来捆成束，然后放置在凉爽通风的地方风干。在沸水中泡10分钟左右即可饮用，也可以加入蜂蜜做成甜甜的蜂蜜茶。具有缓解孕妇的妊娠反应，以及闭经期的心结抑郁、月经过多等症状的作用。消毒作用良好，因此自古就被当作治疗伤口的草药。将熬成的汤汁作为化妆水使用可以有效减轻痤疮等皮肤炎症，同时具有调节油性皮肤分泌的作用，能美化皮肤。略显绿色的黄色花朵可以和其他的干花一起作为装饰。

能遣散压力的芳香性天竺葵

天竺葵的花语是“因你而幸福”，在欧洲主要作为观赏植物。天竺葵的栽培非常容易。可以取其花、叶片用在沙拉、果汁、点心中增加香气，也可以作为装饰，还可以用在香水、肥皂、化妆品中。根据花朵的颜色以及叶片的形状，天竺葵可以分为20多个品种，其中使用最多的是具有柠檬与玫瑰香气的天竺葵中的玫瑰天竺葵。天竺葵具有缓解压力、止血，以及缓解皮肤炎症的作用。

◆ **种类** 玫瑰天竺葵、柠檬天竺葵、巧克力天竺葵、薄荷天竺葵

◆ **特征** 需要在光线及通风好的地方种植

具有很强的抗旱性，喜欢排水好的环境。表面土壤变干后，再等2~3天，然后充分地浇水，浇到水从栽培容器底部的水孔中流出即可（要使土壤保持一定的干燥程度，才能防止根部腐烂）

可以通过分株或插枝的方式繁殖

分类（科名） 牻牛儿苗科

食 用 方 法 茶、果汁、沙拉、点心、西式馅饼

栽培信息	栽培难度	所需光照量	适合生长的温度
	★★★	★★☆	15~23℃
	适合的容器大小	常见病虫害	收获所需时间
	深度在15cm以上	温室白粉虱、软腐病	秧苗：3~4周

栽培时间	栽培	1月	2月	3月	4月	5月	6月	7月	8月	9月	10月	11月	12月
	插秧												
	插条												
	收获												

栽培日志	1周	2周	3周	4周	5周	6周
	插秧			收获		

栽培过程

准备用品 天竺葵秧苗、栽培容器、床土、珍珠岩、苗铲、洒水壶、排水网

1 准备好秧苗、栽培容器、床土、珍珠岩、苗铲、洒水壶、排水网等。

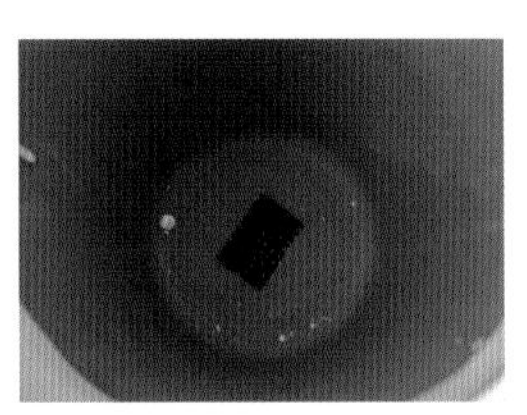

2 根据栽培容器底部水孔的大小裁剪出合适的排水网，并盖在水孔上。

3 如果栽培容器较大，可以填入1/3 ~ 1/2珍珠岩。

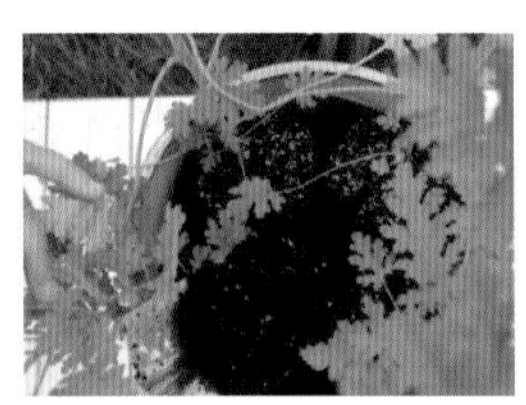

4 将秧苗排列在栽培容器中，填入土壤。

2 管理

1 长到15cm左右时要从上面较嫩的茎开始剪枝，这样可以收获更多的叶片。施肥过多会导致叶片的香气减弱，因此要尽可能不施肥。

2 最好保持土壤处在一种较为干燥的状态。天竺葵适合在干燥的环境中生长，与频繁地浇水相比，隔段时间浇一次透水更好。

3 插条

1 插条要使用叶茎。当植株长到10 ~ 15cm时即可剪下叶茎使用。

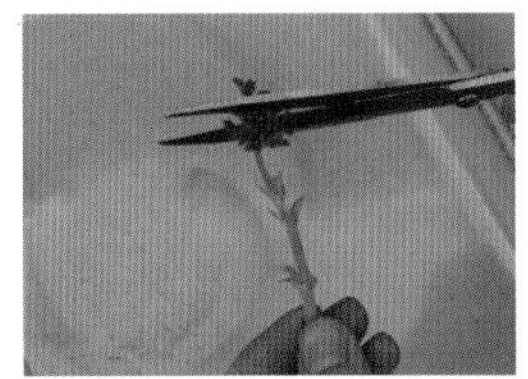

2 叶片过大时蒸散量会很大，植株容易枯萎。因此要用剪刀剪得小一些。

3 将要插入土壤中的部分的下部3cm左右清理干净。插入已充分湿润的床土中，放在阴凉的地方。

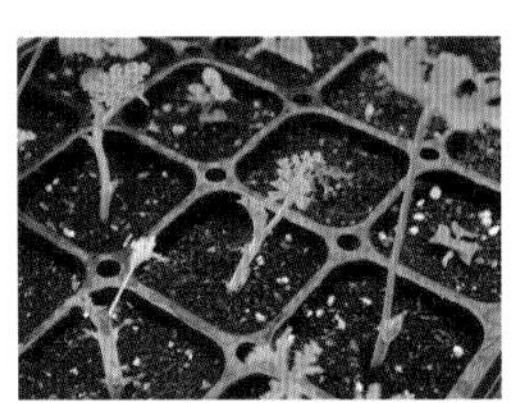

4 叶片长大或长出新叶、根部时就说明插条已经成功了。

4 收获

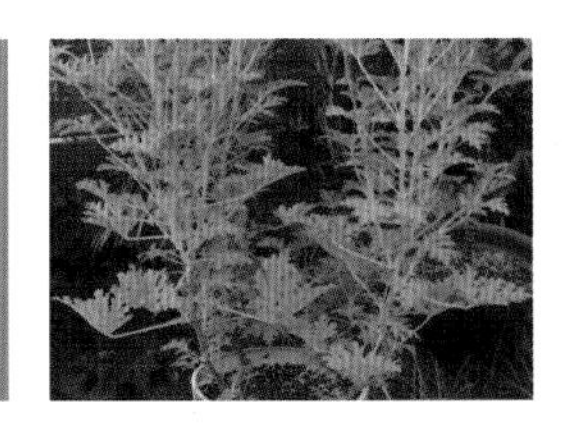

1 收获时期的形态。叶柄长，呈圆形，长到一定大小时就可以随时收获了。

2 收获时从枝条的根部开始剪取大约6个叶片的长度。

3 收获后的形态。可以随时摘取叶片作为各种料理和饮料的添香剂。

Q 天竺葵容易出现哪些病变?

A 天竺葵需要在光照以及通风好的地方种植。只要做好水分管理就很容易栽培，也易于插条。但在夏季高温、潮湿的环境下容易出现软腐病，需要格外注意。软腐病指的是使植物腐烂的一种病变。要防止软腐病必须要保证良好的通风以及排水。要对出现软腐病的土地（土壤）进行消毒，根据品种、播种、排水等条件使用药物。

既能做调料，又能观赏的细香葱

细香葱个头较小，叶片很长，属于葱的一种。浓重的香气与洋葱类似，被用在多种料理中。初夏时开出的略圆的粉红色花朵可以用在沙拉中，长长的叶片则可以用来做调料。细香葱有着促进血液生成、调节食欲的功能，能够帮助消化。细香葱的蒜素有挥发性，如果浸泡在水中或加热会导致其功效消失，因此需要在料理制作的最后加入。

◆ **特征** 多年生草本植物，有极强的抗寒能力，和韭菜一样，种植一次即可收获多年

开花是在夏季，为了收获叶片最好在初期就将花蕾摘下，可以保留花蕾进行观赏，最后取其种子进行繁育

可以使用种子或秧苗进行种植，如果植株繁育较多可以进行分株

分类（科名） 百合科

营养成分 钙、铁、维生素C

食用方法 沙拉、汤类、海鲜

栽培信息	栽培难度	所需光照量	适合生长的温度
	★★★	★★★	15~23℃
	适合的容器大小	常见病虫害	收获所需时间
	深度在7cm以上	–	种子：8~10周，秧苗：3~4周

栽培时间	1月	2月	3月	4月	5月	6月	7月	8月	9月	10月	11月	12月
播种												
插秧												
收获												

栽培日志	1周	2周	3周	4周	5周	6周
	播种	发芽			施肥	收获
	插秧			收获	施肥	

栽培过程

➕ **准备用品** 细香葱秧苗、栽培容器、床土、珍珠岩、苗铲、洒水壶、排水网

1 准备好秧苗、栽培容器、床土、苗铲、排水网、洒水壶等。

2 将排水网铺到栽培容器中，填入床土。

3 取出秧苗，截断根部以促进其成活。

4 将秧苗排列在栽培容器中，用土壤把秧苗之间的空隙填起来。

2 管理

1 初夏开花以后可以用来观赏，也可以用在沙拉中。或者等到5~6月花蕾结种后将其晾干使用。

2 浇水时要保证水量能够使土壤全部湿润，要随时进行确认，保证土壤不会过于干燥。

4 收获

1 叶片长到10~30cm时就可以剪下来收获了。

2 第一年摘取过多的叶片，会导致翌年减产。第一年收获时可以只收获少量，等到植株变大时，第二年的收获量会有所增加。

3 细香葱在种上以后，由于其每年的位置都是不变的，因此要留心管理。

Q 细香葱的叶子总是歪倒怎么办?

A 如果光照不足，细香葱的叶子就会长得很长，变得很脆弱，容易歪倒。这时就需要将其放置到阳台外面，使其充分地接受光照。放在阳台外面时要做好防护措施，防止栽培容器坠落。

在阳台上茁壮成长的锦葵

全世界的锦葵大约有1000多种，可以食用，也可以药用，用途非常多，历史悠久。作为药物使用时可以用于消炎和润肤，食用时则可用叶片与花朵制作汤类或沙拉。特别是紫红色的花，非常美丽，可以用来做观赏植物。锦葵适合在阴凉的地方生长，因此也易于在阳台上栽培。锦葵喜欢潮湿的环境，因此可以轻松地度过梅雨季节。最容易栽培的是普通锦葵。

- **种类** 湿地锦葵、普通锦葵（蓝锦葵）、麝香锦葵
- **特征** 抗寒性及繁育能力非常强，属于香草中比较易于栽培的种类
  在保水性好的土壤中生长得非常好。与其他香草相比，更易度过湿度较高的梅雨季节
  6～9月枝条末端会长出粉红色或紫色的花朵，茎部变直、变硬，会长出粗糙的毛

分类（科名） 锦葵科
营养成分 维生素C、维生素E等
食用方法 沙拉、茶

栽培信息	栽培难度				所需光照量					适合生长的温度			
	★☆☆				★☆☆					15~23℃			
	适合的容器大小				常见病虫害					收获所需时间			
	深度在10cm以上				–					种子：8~10周，秧苗：3~4周			
栽培时间	栽培	1月	2月	3月	4月	5月	6月	7月	8月	9月	10月	11月	12月
	播种												
	插秧												
	收获												
栽培日志	1周		2周		3周		4周		5周		6周		
	播种 发芽		间苗 主叶展开						收获 施肥				
	插秧				收获				施肥				

栽培过程

准备用品 锦葵秧苗、栽培容器、排水网、床土、洒水壶、苗铲

1 插秧

1 准备好秧苗、栽培容器、床土、苗铲、排水网、洒水壶等。

2 将排水网盖在栽培容器下部的大孔上。

3 在栽培容器中填入1/3~1/2的土壤。

4 将秧苗排列在栽培容器中，用土壤将秧苗之间的空隙填起来。

2 管理

1 在不施肥的情况下也能生长得很好，可以适量施用缓效性肥料。

2 要剪掉发黄的叶子。

3 浇水时要浇足，保证土壤充分浸湿。同时要确保水分能顺利地通过容器底部流出。

3 收获

1 叶茎的长度超过10cm时就可以开始收获了，每次可以摘取2~3片叶子。叶片可以即摘即用，也可以晾干后做成香草茶。

Q 应该如何使用锦葵呢?

A 锦葵的叶片、花朵、种子、根部等都可以食用。较嫩的叶片和花朵可以用来制作沙拉，也可以焯食或炒食，根部上黏液较多，因此焯食很好。种子也可以直接食用。普通锦葵也叫作蓝锦葵，它的花朵是鲜艳的紫色，可以将花蕾风干后做茶饮用。用锦葵花做的香草茶经热水一泡，开始时呈现蓝色，渐渐地会转换成粉红色。茶中散发出的香气有安神，治疗干咳、喉咙疼的功效。夏季可以取几片花瓣泡在冷水中，做成清凉的冰茶饮用。

图书在版编目（CIP）数据

就爱阳台种菜 /（韩）文芝惠，（韩）张伦娥著；孔伟，李飞飞译.
—郑州：中原农民出版社，2016.5
ISBN 978-7-5542-1389-6

Ⅰ. ①就… Ⅱ. ①文… ②张… ③孔… ④李… Ⅲ. 蔬菜园艺 Ⅳ. ①S63
中国版本图书馆CIP数据核字（2016）第040328号

出版：中原出版传媒集团　中原农民出版社
地址：郑州市经五路66号
邮编：450002
电话：0371-65751257
印刷：河南省瑞光印务股份有限公司
成品尺寸：185mm × 240mm
印张：10
字数：120千字
版次：2016年6月第1版
印次：2016年6月第1次印刷
定价：39.00元